AF004637

BERG- UND SEEFAHRTEN

VON

ERNST HAECKEL

NACHDRUCK DER ORIGINALAUSGABE VON 1923
(KÖHLER, LEIPZIG)

ISBN: 978-3-86741-182-0
©EUROPÄISCHER HOCHSCHULVERLAG GMBH & CO KG
(WWW.EH-VERLAG.DE)

REIHE: HISTORICAL SCIENCE, BAND 16

Ernst Haeckel

Berg- und Seefahrten

✶✶✶✶

1857/1883

Ernst Haeckel
Berg- und Seefahrten

Verlag von K. F. Koehler, Leipzig 1923

Von diesem Werke
wurden einhundert Exemplare
auf extrafein federleicht Druckpapier
abgezogen und mit Ganzleinen-
einbänden versehen.

*

Copyright 1923 by K. F. Koehler, Leipzig

Vorbemerkung

Von den in diesem Bande vereinigten Reiseskizzen Ernst Haeckels sind die drei ersten bisher noch nicht veröffentlicht. Sie sind hier nach den unmittelbaren Niederschriften unverändert wiedergegeben, Kürzungen habe ich nur in den Briefen über die Reise nach den Kanarischen Inseln vorgenommen, in denen ich Wiederholungen, persönliche Bemerkungen und wenig bedeutsame Ausbesserungen gestrichen habe.

Wie schon die Briefe Haeckels aus Italien (1859/60), die unter dem Titel „Italienfahrt" im gleichen Verlag erschienen sind, lassen auch die hier veröffentlichten Reiseskizzen erkennen, wie überaus eindrucksvoll sich das Reisen für Ernst Haeckel gestaltet, und wie unvergleichlich ausdrucksvoll er seine Erlebnisse darzustellen weiß.

Das farbenprächtige Korfu-Gemälde erschien zuerst in der „Deutschen Rundschau" (September 1877), ebenda (Oktober 1883) der Aufsatz über den Adams-Pik auf Ceylon. Dieser Aufsatz wurde später von Haeckel in seine „Indischen Reisebriefe" aufgenommen, aus der 6. Auflage (K. F. Koehler Verlag, Leipzig 1922) aber wieder fortgelassen, um ihn den „Berg- und Seefahrten" anzureihen.

Jena, Ernst Haeckel-Archiv, im Mai 1923.

Heinrich Schmidt.

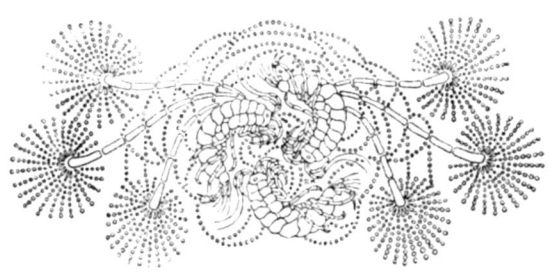

Inhaltsverzeichnis

		Seite
I.	Alpen im Frühling (1857)	5
II.	Eine Winterfahrt über den Sankt Gotthard (1859)	18
III.	Reise nach den Kanarischen Inseln (1866/67)	27
	1. London	27
	2. Lissabon	32
	3. Nach den Kanarischen Inseln	40
	4. Daiza und Montagna di fuego	65
	5. In Marokko	67
IV.	Korfu (1877)	81
V.	Der Adamspik auf Ceylon (1883)	116

I.
Alpen im Frühling
(1857)

Den Himmelfahrtstag hatte ich von jeher zu einer botanischen Frühlingsexkursion benutzt, und da dieselbe durch die Gunst des Wetters und den Reiz des jungen Frühlings fast immer sehr befriedigend ausgefallen war, dieser Tag mithin in sehr gutem Andenken in meinem Naturkalender aufgeschrieben steht, so beschloß ich, ihn auch im Jahr 1857 in Wien nicht unbenutzt vorübergehen zu lassen und hatte zu diesem Zweck auch bald ein halb Dutzend wanderlustiger Genossen aus dem bunten Kreise meiner Bekannten zusammengebracht. Die Gesellschaft bestand aus einem Schotten (Cowan), einem Dänen (Krabbe), einem Petersburger (Baskgen), einem Kurländer (Böttcher), einem Bremenser (Focke), einem Berliner (Chamisso) und aus meiner Person. Wir letzteren drei bildeten, samt einem achten Halbnaturforscher, Mack (aus Braunschweig), frühern Senior der Nassauer in Würzburg, das botanische Komitee, während die andern vier mehr rein bummellustig waren.

Donnerstag, 21. Mai, früh 7 Uhr fuhr diese nordische Allianz, deren Wohnungen, wie die der meisten Mediziner, alle in der Alservorstadt lagen, von dem Zentrum der letzteren, dem k. k. allgemeinen Krankenhause, in einem Omnibus nach dem beinah ¾ Stunde entfernten Südbahnhof ab. Schon diese Fahrt durch die staubigen (meist nicht gepflasterten) Straßen in der Frühe eines schönen Feier- oder Sonntages ist recht interessant, da man wohl die halbe Stadt auf den Beinen und nach den Bahnhöfen eilen sieht, um in ihrer Art „Natur zu kneipen", d. h. nach irgendeinem nahen Stationsorte zu fahren und dort im Grünen, ohne gerade die Bewegungswerkzeuge sehr anzustrengen, Wein und Bier zu genießen. Demgemäß ist an diesen Tagen die Zahl der Extrazüge nach den besuchtesten Orten, wie nach Baden, fast um das 3—4fache vermehrt, und Hunderttausende von Menschen werden ununterbrochen hin- und hergeschafft, so daß man jede Stunde abfahren kann.

Schon das bunte Getriebe dieser geputzten und genußsüchtigen Menschenmenge machte uns diese Fahrt sehr interessant, noch mehr aber der reizende Anblick des grünen Wiener Waldes, der sich mit seinen vielen runden, wellenförmig aufeinanderfolgenden Sandsteinkuppen über den unabsehbaren Häusermeeren der Kaiserstadt hinzieht. Die letztere übersieht man fast in allen ihren Teilen sehr gut, da sie bedeutend tiefer liegt, als der auf dem höchsten Außenpunkt der Stadt liegende Südbahnhof, auf dem man im zweiten Stock des Gebäudes in die Wagen einsteigt. Auch weiterhin bleibt die Bahn meist beträchtlich über der Ebene erhoben, so daß links der Blick frei über die weiten, grünen, fruchtbaren Flächen bis zum Leithagebirg, das östlich den Horizont umzieht, hinschweift, während rechts (westlich) eine stete Abwechslung der heitersten und buntesten Landschaftsbilder das Auge in ununterbrochener Aufmerksamkeit erhält. Die Vorstädte Wiens setzen sich nach außen überall in große Dörfer fort, die durch die zahlreichen schönen Villen, Gärten, Landhäuser, Parks und Sommerfrischen der reichen Wiener ein sehr anmutiges Ansehen erhalten und in stetem buntem Wechsel bis über Baden hinaus am Fuße des grünen Kahlenbergs und weiterhin des Wiener Waldes sich hinziehen. Den belebtesten, interessantesten und schönsten Teil dieses Zuges bildet die Strecke zwischen Brunn und Vöslau und innerhalb dieser wieder diejenige von Mödling bis Baden.

In Mödling stiegen wir nach ¾stündiger Fahrt aus und wanderten zunächst in den Brühl herauf, dem herrlichen Kalkfelsental, in dem wir schon auf einer früheren Exkursion (am 9. Mai) die kostbaren Naturschönheiten hatten kennen lernen, die Wiens nächste Umgebung so sehr von derjenigen aller andern großen deutschen Residenzen auszeichnen. Es ist eigentlich eine enge, tief und zackig ausgeschnittene Schlucht, mit nacktem gelbem Kalkgestein und dunkelgrünen Waldabhängen, überwiegend aus der sehr interessanten Pinus austriaca (sive nigricans) gebildet, einem von unseren Föhren und Tannen im ganzen Habitus sehr abweichenden Nadelholz mit knorrig starkem, untersetztem Stamm und fast schwarzgrüner Nadelkrone, die sich meist in Gestalt eines flachen doldenartigen Schirms über dem Gipfel des meist niedrigen, dicken, aber bis hinauf zur Krone ganz kahlen und astfreien Stammes ausbreitet. Bald gleicht sie mehr der Pinie, bald mehr der Kiefer, ist aber durch das düstere Schwarzgrün der Nadeln, die mattgraue Rinde des knotigen, nackten Stammes und die kurze gedrungene Statur leicht schon von weitem zu unterscheiden. Einen ganz reizenden Gegensatz bilden zu dieser österreichischen Schwarzföhre jetzt im Frühling die freudiggrünen Laubholzgruppen, die in der lieblichsten bunten Zeichnung überall aus dem schwarzen Bergmantel der ersteren hervorleuchten und an Reinheit und Intensität der prächtig hellgrünen Farbe mit den jungen Wiesenmatten wetteifern, die den Boden des Tals bekleiden. Selbst die gelben Kalkfelsen nehmen sich in diesem Bilde recht gut aus, zumal sie stellenweis mit leuchtend bunten Blumenherden bekleidet sind. Rechnet man dazu noch das bunte Leben, das die weit im Tal sich hinaufziehenden Land- und Bauernhäuser, die geputzten Sonntagsbesucher und im Gegensatz dazu die zahlreichen

Ruinen, die, teils künstlich, teils natürlich die Berghöhe überragen, hervorbringen, so hat man ein recht ansprechendes und wechselvolles Landschaftsbild, das bei dem herrlichen Frühlingsmorgen zu doppeltem Naturgenuß aufforderte.

Jauchzend und singend wanderten wir denn auch munter und jugendlich frisch in der herrlichen Gebirgsnatur vorwärts, erklommen zuerst die Trümmer der Markgrafenburg, von denen aus, am Eingang des Tals, man einen prächtigen Überblick desselben und einen Durchblick auf die weite Ebene genießt, dann, durch dichtes Gebüsch über 500 Fuß steil aufkletternd, den Siegenstein, den höchsten der umliegenden Berge, dessen Gipfel ein dorischer Tempel, der sogenannte Husarentempel, ziert. Hier genossen wir die erste prachtvolle Aussicht, östlich auf die weite, unabsehbare Ebene mit ihren fruchtbaren Feldern und Gräben, durch viele hundert Dörfer, Landgüter und Städte belebt und am Horizont von der flachen Wellenkette des Leithagebirges bekränzt, nördlich die in einem verworrenen Knäuel verschmolzenen Häusermassen Wiens, aus dem nur der riesige Stephansturm als überall kenntliches Wahrzeichen hervorragt, weiterhin die gebüschumschlossenen Donauufer, westlich in die grünen Bergketten des Kahlengebirgs und Wiener Walds übergehend, die sich in schönen Wellenformationen bis zu den nächsten Bergen der Umgebung heranziehen. Auch nach Süden setzt sich dieser grüne Höhenzug weiter fort, erhält hier aber einen großartigen Hintergrund durch den kahlen, weißgefurchten Riesenrücken des lang hingestreckten Schneeberges, an den sich im Südwesten noch einige andere Schneefelder aus den steierischen Alpen anschließen.

Von der hohen Aussichtswarte herabgestiegen, durchschritten wir einen Teil dieses grünen Waldgebirgs, indem wir im Nordwesten von Baden über Gaden nach Heiligenkreuz gingen, ein sehr anmutiger vierstündiger Waldweg, abwechselnd durch Laub- und Nadelholz, der in ersterem uns auch, besonders an den freien Stellen, sehr schöne botanische Ausbeute lieferte, die freilich nicht so mannigfaltig ist wie die ungemein reiche Kalkflora am Eingang des Brühl, wo wir eine Masse Hesperis tristis, Alyssum montanum, Arabis petraea et turrita, Cytisus ratisbonensis, Globularia cordifolia et vulgaris, Erica carnea, Daphne Cneorum, Primula acaulis, Muscari usw. gefunden hatten. Bei Gaden begegnete mir auch zum ersten Male Androsace marina und Dentaria enneaphyllos. Sogar mein zoologischer Sinn wurde in vieler Hinsicht überrascht, indem überall in Menge die ganz prachtvollen, grünen, großen Eidechsen des Südens mit dem blauen Kopfe (Lacerta viridis) auf den grasigen Felsen sich sonnten und dazwischen riesige Exemplare von Coluber Aesculapii, einer gegen 4 Fuß langen, schwarzbraunen Schlange, sich zeigten, von denen ich eins beim Heraufklettern auf einen Baum zu fangen das Glück hatte. Sehr zahlreich zeigte sich hier, wie nachher im Helenental, die Blindschleiche, überall von einer bei uns ganz ungewöhnlichen Größe.

Von Heiligenkreuz aus, wo wir uns unter einer Menge anderer Sonntagsspaziergänger mit Furage versorgten, wurde der anmutige Weg noch viel schöner, indem er, südöstlich dem Lauf des Schwechatbaches folgend, in dem herrlichen, vielberühmten Helenenthal herabführte, welches wohl mit Recht unter allen landschaftlichen Umgebungen Wiens den ersten Rang einnimmt, obwohl zum Teil schon zu viel daran herumgekünstelt ist. Mitten durch die mit frischen Matten bedeckte Talsohle schlängelt sich der vielgekrümmte Bach, zu dessen Seiten die hohen, vielfach in Formation und Bekleidung wechselnden Talwände, bald felsig, bald waldig, hier eng zusammentreten, während sie gleich darauf wieder weit kesselartig diversieren. An einer Stelle drängen sie den Fluß so eng zusammen, daß die das Tal ganz abschnürende Felswand (Urtelwand) durch einen Tunnel durchbrochen werden mußte. Oberhalb dieser letztern steigt an der rechten Talwand von den Krainer Hütten aus das „eiserne Tor" empor, der höchste Berg in diesem Abschnitt des Wiener Waldes, den wir, durch die Genüsse des Morgens ermuntert, noch zu besteigen beschlossen, obwohl es schon 4 Uhr nachmittag vorbei war, als wir an seinem Fuß anlangten. Auch kamen wir nach beinahe zweistündigem angestrengtem Steigen glücklich auf dem steilen, hohen Gipfel an, wurden aber im Betreff unseres Hauptzweckes schmählich betrogen, indem das hohe Unterholz uns jede Aussicht vollkommen verschloß. Zwar erhob sich inmitten desselben auf dem höchsten Punkt ein sehr hoher Aussichtsturm, über dessen Tür in großen goldnen Buchstaben stand: FUERST SIMON SINA DEM VERGNUEGEN DES PUBLICUMS! Allein — diese Tür war und blieb zu, trotzdem wir nicht nur auf jede Weise ein menschliches Wesen daraus hervorzulocken, sondern auch geradezu ihn zu stürmen versuchten und mit Bäumen und Felsen gigantenartig den Turm berannten. Unverrichteter Sache mußten wir bald wieder abziehen, hatten jedoch die Genugtuung, beim Herabweg auf ein paar freie Waldplätze zu gelangen, von denen wir zwar kein ganzes Panorama, aber doch ein paar sehr schöne Teilansichten, teils über das ganze Gebirge bis Wien, teils nach dem Schneeberg und seinen Alpen (südlich) genossen. Auch der letzte Teil des schönen Helenentals, mit einigen grandiosen Ruinen auf hoher, steiler Felswand geschmückt, den wir schon auf unserer durch Regen mißglückten Tour am Sonntag vorher (17. Mai) kennen gelernt hatten, bot uns zuletzt noch ein sehr befriedigendes Ende unserer Exkursion.

In Baden langten wir erst gegen 9 Uhr an und trennten uns hier in zwei Partien, indem die Majorität nach Wien zurückfuhr, während Focke und Chamisso zurückblieben, um, durch das gute Wetter ermutigt, eine schon vorher verabredete Frühlingspartie in die so nahen Alpen, in specie eine Besteigung des Schneeberges, zu versuchen. Ich selbst wollte zwar anfänglich nicht daran teilnehmen, da ich nur sehr ungern Freitag bei Brücke die physiologische Vorlesung versäumte, konnte es aber doch unmöglich übers Herz bringen, eine so herrliche Gelegenheit zur Erfüllung eines Lieblingswunsches, nämlich die Alpen im Frühling kennen zu lernen, zu versäumen, zumal ich Samstag (wo in Wien Ferialtag und kein Kolleg ist) und Sonntag zu Haus doch nichts verlor. Ich war also leicht gewonnen und blieb mit da, obwohl keineswegs für eine Alpentour ausgerüstet. Nicht nur hatte ich meine Alpenschuhe nicht bei mir, sondern auch außer Pflanzenpresse, Regenschirm und Plaid keine andere Wäsche, als die ich auf dem Leibe trug. So mußte mir denn den Mangel der Wäsche mein trefflicher alter Plaid, der vielerprobte Freund, ersetzen, was er denn auch gleich in der ersten Nacht (wo uns der Zufall in ein Wirtshaus geführt hatte, wo man für Schlafgeld in dem sonst so teueren Badeort nur 10 Kr. zahlte!!) in der Art tat, daß er mir als Bett und Hemd zugleich diente. Das eine Hemd, was ich nur mit hatte, ruhte von den Strapazen des Tages auf einem Stuhl aus und trocknete sich, und ich wickelte mich in puribus naturalibus in meinen Plaid, wie schon öfter auf den Alpen und in Italien. Das Bett zerfiel nämlich bei einem kräftigen Versuch, den ich machte, mich hineinzulegen, in Trümmer, und so blieb mir nur der Boden übrig. Auch sonst war diese denkwürdige Nacht reich an Ereignissen, die uns folgenden Tags noch viel Stoff zum Lachen gaben. An Schlaf war nicht viel zu denken, da verschiedene Insekten, namentlich Wanzen, an denen hier nirgends Mangel ist, uns ebensowenig dazu kommen ließen, als die furchtbare Hitze in der engen Kammer, die uns in ein wahres russisches Schwitzbad versetzte. So vertrieben wir uns denn die Nacht mit Erzählungen und schlechten Witzen und amüsierten uns sehr über Chamisso, der noch nie so etwas durchgemacht hatte und ganz außer sich darüber war. Endlich brach der Morgen sehr erwünscht an und wir hatten vor Abgang des Zuges (um 9 Uhr) noch Zeit genug, uns an der Sonne ordentlich zu trocknen. Auf dem Bahnhof genossen wir noch ein klassisches Genrebild, eine Zigeunerfamilie, die von einem Gendarm nach Haus transportiert wurde. Wohl über ein Dutzend Kinder, orgelpfeifenartig in allen Größen, kletterten wie Katzen auf dem kräftigen Vater und der schönen Mutter herum, lauter herrliche nackte Naturgestalten, muskulös und doch zierlich, mit dunkelbrauner Haut, rabenschwarzen Augen und Haaren, edlen, lebensvollen, feurigen Physiognomien. —

Fast auf der ganzen Fahrt von Baden bis zur Anfangsstation der Semmeringbahn (Gloggnitz) hat man zur Rechten den grandiosen Schneeberg vor sich, der sich mit seinem breiten, schneedurchfurchten Rücken wie ein Riese aus den niedern Vorbergen plötzlich erhebt und in allen einzelnen Partien immer großartiger und deutlicher hervortritt, je näher man ihm schrittweise rückt. Anfangs sieht man auch zur Rechten noch die Umgebung des Helenentals und weiterhin Vöslau mit seinen berühmten Weinbergen, bis wohin sich noch immer die Villen und Güter der reichen Wiener erstrecken. Doch tritt diese liebliche Hügelkette bald mehr zurück und hinter Wienerisch Neustadt, wo die Bahn nach Ödenburg abgeht, wird die Gegend selbst etwas einförmig; weite Maisfelder und dunkle Tannenwaldung, bis sie bald wieder in anmutiger Abwechslung Bergwälder und Felsen, Ruinen und Schlösser, Dörfer und Wiesen zeigt und endlich gegen Gloggnitz hin immer schöner und zuletzt schon ganz alpenhaft wird. Hier sahen wir zum erstenmal die großen, schweren Riesenlokomotiven, mit denen der Semmering allein befahren werden kann. Wir fuhren noch die nächste kleine Station bis Payerbach und befanden uns schon mitten in den Voralpen.

„Alpen im Frühling!" Das war so lange mein sehnlicher Wunsch gewesen und stand nun mit einem Male fertig vor mir da. Vergeblich würde ich die Wonne zu schildern versuchen, mit der ich mich jetzt plötzlich in die herrliche Alpennatur versetzt sah, mit der ich gierig ihren unvergleichlichen Anblick von der grünen Talsohle bis zum beschneiten Hochgebirgsfirst, vom schwarzen Tannenwald zum malerischen Felskegel, vom lustigen Alpendorf bis zur einsamen Sennhütte einsog und schon im Geist vom einen zum andern wanderte. Das waren von jeher die freudevollsten Lebensmomente, wenn ich, des trostlosen Staubes des Alltagslebens müde, die Menschen und Städte und ihren traurigen Wust satt, in der großen, weiten, reinen Natur den Frieden und das Glück fand, das ich dort vergeblich erstrebte. Wie Antäus, von Herkules im Ringkampf erdrückt, jedesmal wieder auflebte und neue Kräfte schöpfte, wenn er mit der Mutter Erde wieder in Berührung kam, so lebe ich auch jedesmal wieder auf, so oft ich, von der Trostlosigkeit unbefriedigten Strebens, von der Unzufriedenheit mit mir selbst und der Welt fast überwältigt, an nie versiegender Quelle edelsten und reinsten Naturgenusses mich selbst vergesse und in der bewundernden Anschauung des wundervollen Erdenkleides neue Kraft und neuen Lebensmut schöpfe. So oft schon hatte mich der süße, trostvolle Friede, den ich aus diesem innigen Naturverständnis schöpfte, mit stiller herzlichster Freude erfüllt, selten aber mit solcher Intensität wie diesmal, wo so vieles zusammenkam, um mir die göttliche Alpennatur im blühendsten Glanze zu zeigen. Wie oft hatte ich im Genuß der Hochalpen und in der Rückerinnerung ihr Frühlingskleid mir prächtig in Gedanken ausgemalt und wie sehr fand ich dies alles hier übertroffen! Und wie wurde dieser mächtige Reiz gesteigert, durch die kühne Kombination eines Riesenwerks von Menschenhand inmitten dieser Naturpracht, durch die unvergleichliche Semmeringbahn, den kolossalen Schienenweg mitten über das Hochgebirg, dessen Befahrung den köstlichen Beschluß unserer nur kurzen, aber unendlich genußreichen Alpenwanderung bildete. Vergeblich würde ich den Versuch wagen, naturentsprechend die Reihe unendlich mannigfaltiger, für den Naturforscher in specie ungemein fesselnder Landschaftsbilder auch nur im Umrisse vorzuführen, die sich in diesen 2 Tagen in buntem Wechsel an uns vorüberdrängten. Nur andeuten kann ich, daß der größte Teil dieses Genusses durch die Anschauung der gerade jetzt hier überaus herrlich entwickelten Pflanzendecke bedingt wurde, die ja überhaupt für den Charakter der Landschaft die überwiegend größte Bedeutung hat, die aber unter diesen Verhältnissen sowohl in landschaftlicher als pflanzengeographischer Beziehung, sowohl in ästhetischer als systematischer Beziehung ein ganz besonderes Interesse bot, so daß ich selten mit so innigem Vergnügen, wie hier, ihren Erscheinungen gefolgt bin. Ist doch schon in unserer Ebenenflora das Frühlingskleid das Allerschönste, um wie viel mehr in der herrlichen Alpenflora, die jene erstere noch in höherem Maße übertrifft, als der Reiz des Frühlings den des übrigen Jahres. Wie wunderbar prachtvoll waren grade jetzt überall die noch mit dem zartesten Grün geschmückten Wiesenmatten und Laubholzgruppen inmitten des schwarzgrünen Föhrenwaldes, wie köstlich die mit den reinsten, schönsten Farben gezierten einfachen Blumenglocken, die als die ersten Geschenke der Flora überall auf Fels und Weg, in Wiese und Wald prangten, die weißen Anemonen (silvestris alpina), die gelben Primeln (acaulis, auricula), die roten Primeln (farinosa, spectabilis), die blauen Gentianen (verna, acaulis), die kreuzblütigen Cardamine (amara, trifolia) und wie sie alle heißen!

Jauchzend und singend wanderten wir von Payerbach, unter dem ersten Viadukt der Semmeringbahn hindurch, deren kühnen Lauf wir noch hoch ins Gebirg zurückverfolgen konnten, dem Laufe der klaren Schwarzau entgegen hinauf, eines frischen, schäumenden Gebirgsbaches, der unterhalb Gloggnitz in das Wiener Becken tritt und weiterhin den Stamm der Leitha bildet. Über einem Querriegel traten wir in den reizend idyllischen, ganz in sich abgeschlossenen Talkessel der Reichenau, in deren nettem Schweizer Gasthaus wir uns für die kommende Wanderung stärkten und dabei am Anblick der reizenden Umgebung satt sahen. Rechts von uns lag der mächtige Schneeberg, nur in den Wurzeln sichtbar, links das Ziel unserer morgigen Tour, der mächtige breite Rücken des Warriegel und der Raxalpe, von deren zackigen Firsten lange Schneebinden und Firnfelder weit am Gehänge hinab sich senkten. Zwischen beiden führte uns der wildromantische Pfad in das ungemein großartige Höllental hinein, dessen außerordentliche Reize uns so fesselten, daß wir den kaum 4 Stunden langen Weg in mehr als 7 Stunden erst zurücklegten. Der prächtige, wilde, starke Schwarzaubach bahnte sich mit seinen dunkelgrünen, klaren Wassermassen in brausendem Sturz den Weg durch die zerklüftete Schlucht, zu deren beiden Seiten die zackigen Kalkfelswände sehr steil und hoch emporsteigen, bald nackte, groteske, phantastische Steinbilder, bald mit schwarzem, dichtem Mantel der Pinus austriaca behängt, oder mit dem zartesten, frischesten Frühlingsgrün des knospenden Laubwaldes, hoher Buchen und starker Eichen, dann und wann von Scharen schlanker Lärchen geziert. Kaum findet der an den schönsten Hochgebirgslandschaftsbildern so reiche Weg Raum in der felsigen Enge neben dem wildeinherstürmenden Bach, den er auf vielen Brücken sehr oft überschreitet, bald rechts, bald links, bald unmittelbar neben, bald hoch über ihm. Am Eingang des Tals liegt ein schönes großes Hammerwerk mit einer Hauptkohlstätte von 40 Meilern. Weiterhin erinnern nur einzelne Holzknechtskasernen und braune Sennhütten an menschliche Spur.

Schon gleich beim Eintritt in das Tal bewillkommnete uns eine Deputation reizender Alpenpflänzchen: Cineraria aurantiaca, Primula farinosa, Gentiana verna, Pinguicola vulgaris et alpina, denen weiterhin Gentiana acaulis, Atragene et Anemone alpina, Cardamine trifolia, Erica carnea, Polygala Chamaebuxus (eine prächtige rote Varietät), Lonicera alpigena, Viola biflora u. a. folgten. Kaum wußten wir, wo wir bei all den Herrlichkeiten zuerst unsern Blick hinwenden sollten, auf die herrlichen Frühlingsblumen oder den prächtigen, laubgemischten Schwarzwald, auf den wilden, grünen Bach oder die großartige Felsszenerie. Den Gipfel majestätischer Wildheit erreichte letztere gegen Ende unserer Wanderung, wo sich links die sogenannte „große Hölle" öffnet, ein furchtbar wilder und großartiger Talkessel, beinah amphitheatralisch halbrund, indem von drei Seiten aus ganz nackte, glatte, gelbe, wild zerklüftete Kalkfelsen so jäh und steil zum ewigen Schnee aus dem flachen grünen Pianoboden des Kessels emporsteigen, daß nirgends die Vegetation auf ihren nackten Schultern haften kann. Ich erwartete unwillkürlich, im Hintergrunde des Kessels einen See zu finden, so sehr erinnerte mich das gigantische Amphitheater an die Umgebung des Gosau=Sees. Allein es fehlt am Eingange des Tales der felsige Querriegel, der die abfließenden Schneewässer gedämmt und angestaut hätte. Auch an die kleinere Schneegrube der Sudeten konnte das Bild erinnern.

Eine Stunde weiter fanden wir ein gastliches Unterkommen bei der „Singerin", einer kleinen Gebirgskneipe, die die Nachteile der Zivilisation mit den Vorteilen eines Alpenhauses verband. Nach prächtigem Schlaf, der uns für die vorige Nacht mit entschädigte, wurden wir schon früh durch den Lärm einer Schar von einigen hundert Ungarn geweckt, die nach Mariazell wallfahrteten. Zugleich spielte uns auch ein glücklicher Zufall einen Führer in die Hände, der sonst sehr schwer zu finden gewesen wäre. Es bot sich uns ein alter Sennhirt an, der den k. k. Jägern am Fuß der Raxalp Lebensmittel bringen sollte. Um 6 Uhr früh traten wir mit ihm unsere Alpenwanderung an beim herrlichsten Maienwetter, das uns auch während unserer ganzen viertägigen Tour getreu blieb. Wir wendeten uns links vom Schwarzautal ab, indem wir die westliche Richtung in eine südliche änderten, und wanderten eben 1 Stunde in dem malerischen Naßtale aufwärts, das anfangs mehr weit und lieblich, später enger und wilder wird. Felsen engen es endlich auf kurze Strecken weit so von beiden Seiten ein, daß eine schmale Brücke der Länge nach über den tosenden Bach hinkriechen muß. Um zu der Jagdstation aufzusteigen, bogen wir dann bald links vom Wege ab und kletterten auf einem sehr steilen Fußsteige, der fast treppenartig an der jähen Bergwand emporstieg, über 2 Stunden lang beständig bergauf. Höchst interessant ließ sich hier das allmähliche Zurückweichen der Vegetation in den Winter verfolgen, indem die Flora mit der zunehmenden Steigung monateweis zurückgeblieben war, je höher und kälter, um so weiter. Daphne Mezereum z. B., einer unserer frühesten Sträucher, der bei uns in der Ebene schon im März Früchte ansetzt und den wir unten im Tal noch jetzt blühend gefunden hatten, hatte hier oben kaum erst Knospen getrieben. Sobald wir über die dunkle Waldregion hinaus waren, fingen auch schon einzelne Alpenpflänzchen, die sonst nur mit Früchten mir vorgekommen, blühend sich zu zeigen an: Soldanella alpina, Primula auricula, Dentaria enneaphyllos (letztere beide bei Baden schon längst verblüht!). Die landschaftlichen Durchblicke, die wir schon während des Steigens auf freien Waldplätzen und nachher noch offenbar auf dem nicht mehr baumtragenden Plateau genossen, waren sehr eigentümlich, da man überall in die wilde, nackte Winternatur der noch dickbeschneiten Alpenkämme hineinschaute, deren bizarre Felszacken in phantastischen Gruppen aus den weiten Schneefeldern vorragten.

An der großen Sennhütte, zu der unser Führer die Lebensmittel zu bringen hatte, und die Standquartier von etwa ein Dutzend Kaiserlicher Alpenjäger war, die dem Auer- und Birkhahn nachstellten, rasteten wir ein wenig und wurden von dem freundlichen „Waldmeister", einem behäbigen, dicken, freundlichen Herrn, mit etwas Brot und Wein erquickt, was uns sehr zustatten kam, da die Sennerinnen erst etwa einen Monat später heraufziehen und wir also auf dem ganzen Wege nichts mehr bekommen konnten.

Schon bald oberhalb dieser Hütte begannen die Schneefelder, über die wir jetzt etwa 3 Stunden, jedoch immer mit Unterbrechungen durch größere Strecken schon freier Matten, hinanzusteigen hatten. Anfangs machte es uns viele Freude, so in unmittelbarer Abwechslung über weite Schneefelder und dazwischen grüne, mit herrlich blühenden Alpenpflanzen geschmückte Matten hinzuschreiten, allmählich aber wurde es doch etwas beschwerlich, namentlich als die steigende Sonne die obersten Schneeschichten durchweichte und wir bei jedem Schritt bis über die Knöchel einsanken. Am meisten hatte ich zu leiden, da ich, wie gesagt, auf die ganze Tour nicht eingerichtet war. Zwar hatte ich den mangelnden Alpenstock durch einen jungen Tannenstamm ersetzt, aber die Alpenschuhe fehlten mir sehr, zumal an meinem einen Stiefel sich schon tags zuvor die Sohle völlig abgelöst hatte, so daß ich ihn nur durch sandalenartiges Zusammenbinden mit Bindfaden noch ziemlich roh zusammenhalten konnte. Freilich hinderte dies nicht, daß der bloße Fuß bei jedem Tritt mit dem eisigen Schnee in Berührung kam, so daß er mir zuletzt ganz starr und empfindungslos wurde. Auch meine grüne Gletscherbrille vermißte ich schmerzlich, weil der glänzende Lichtreflex der unbewölkten Sonne auf dem weißen Schneespiegel die Augen so heftig blendete, daß ich fast eine

Augenentzündung befürchtete. Doch blieben wir trotz dieser Unannehmlichkeiten in der herrlichsten Stimmung, da die umgebende Alpennatur nah und fern zu entzückend schön war und immer schöner und großartiger wurde, je höher wir hinaufkamen. Die Vegetation blieb freilich bis auf das reichlich überall umherkriechende Knieholz und viele Moose und Flechten bald gänzlich aus. Doch hatten wir in der untersten Zone desselben noch einen schmalen Streifen voll der schönsten Alpenblumen gefunden: Primula auricula und die überaus prachtvolle Primula spectabilis mit ihren kolossalen Purpurglocken, Draba aizoon, das prächtige echte Alpenveilchen (Viola alpina) mit großer, violetter Blüte, welches von allen Alpenblumen jetzt am höchsten hinaufging, Thlaspi alpinum, eine Saxifraga, Gentiana usw.

Bis zum Gipfel hinauf wurde jetzt der Boden ganz polarmäßig nackt und kahl, nur schnee- und eistragend, felsig und moosig dazwischen. Grade um 12 Uhr mittags hatten wir den Gipfel der Raxalpe erklommen, 6388 Fuß ü. M., also nur wenig niedriger als der kolossale, nackte Schneebergrücken, der uns jetzt im Nordwest grade gegenüber lag und den freien Blick in das weite, ebene Wiener Becken größtenteils verdeckte. Um so herrlicher war die Aussicht nach allen andern Seiten und so eigentümlich, wie ich sie nie gesehen. Es fehlte nämlich alles Grün, das sonst dem Blick in das Innere des Hochgebirges so etwas wohltuend Heimisches verleiht. Hier war aber in der Tat nichts als überall Schnee und Eis und dazwischen nur die schmalen, nackten Rücken und Firste, die wegen ihrer Steilheit demselben keinen Anhaltspunkt bieten und frei davon bleiben. Aber diese Aussicht hatte etwas ergreifend Großartiges; diese Hunderte und Tausende von nahen und fernen Zacken und Spitzen, Kuppen und Hörnern, bunt und wild über- und durcheinander getürmt, und überall zwischen dem düsteren Schwarzbraun der nackten Felsen das schimmernde Silberweiß des blinkenden Schnees, der sich rings um den ganzen Horizont scharf von dem dunkelblauen Himmel abhob. Und welche großartige Natureinsamkeit; kein lebendes Wesen sichtbar; die Vegetation zu unseren Füßen verschwunden; kein Laut in der erhabenen Stille hörbar. Nur einmal wurde die lautlose Stille durch ein eigentümlich kläffendes Geräusch unterbrochen, und als wir hinblickten, sahen wir einen Fuchs ein einsames Schneehuhn aufjagen und dann in gestrecktem Lauf den nächsten Abhang hinuntereilen. Mir wurde so wunderbar wohl und weit in der zauberhaften Eiswelt zumute, daß ich gern noch stundenlang in das herrliche Panorama hineingesehen hätte. Auch der ungestüme, eiskalte, reine Wind, der von den fernen Gletscherhöhen herüberschnob, war mir nicht unangenehm, sondern ich ließ ihn, wie so oft auf meinen Alpenwanderungen, frei um Hals und Brust streichen; um so empfindlicher waren meine Gefährten, die endlich mit dem Führer aufbrachen, und denen ich nur ungern zögernd folgte, nachdem ich noch einen letzten Scheideblick zum Tor- und Dachstein, meinen alten Hallstatter Freunden, hinübergesendet.

Sehr interessant und ganz beträchtlich war der Unterschied, den der Südabhang der Raxalpe, den wir jetzt hinunterstiegen, in bezug auf Temperatur, Klima und Flora gegenüber dem Nordabhang, den wir hinaufgekommen, zeigte. Während auf letzterem schon mehrere hundert Fuß unter dem Gipfel keine Blume mehr zu finden gewesen, stiegen hier unter dem erwärmenden Einfluß einer fast senkrecht auf den Boden auffallenden Sonne einzelne blühende Alpenveilchen fast bis zum Gipfel hinan. Und nur wenige hundert Fuß tiefer entfaltete sich ein wahrer Garten mit Tausenden der herrlichsten Alpenblumen, die wir aufwärts nur teilweise und spärlich entdeckt hatten. Wir entließen hier unsern Führer, einen treuherzigen alten Burschen, nachdem er uns den Rückweg genau beschrieben, und warfen uns mit Wonne in den prachtvollen Blumengarten, der den ganzen Südabhang im üppigsten Frühlingsflor bedeckte und noch von keinem Menschen und Tier, d. h. von keinem Botaniker und keiner Kuh angetastet, in jungfräulicher Fülle und Reinheit uns entgegenstrahlte. Da war vor allem in Millionen von Exemplaren eine der schönsten Alpenpflanzen, eine Primel mit fast 1 Zoll langer und breiter, prächtig violettpurpurner Blüte (Primula spectabilis), welche zusammen mit den kaum minder zahlreichen Gentianen (acaulis und verna, beide dunkelblau) ganze Abhänge violett färbte. Dazwischen mit dem schönsten und reinsten Goldgelb die wohlriechende Aurikel (Primula auricula) und Draba aizoon, verschiedene weiße Kreuzblümchen (Arabis Halleri, Thlaspi alpinum), Androsace villosa, allerliebste kleine Zwerg- und Weidenbäume von ½—2 Zoll Höhe mit 1—3 purpurnen Kätzchen, immergrüne Bärentrauben (Arctostaphylos officinalis) mit roten Beeren und weißen Blütenglöckchen, die strauchige Erica carnea, deren Blüten hier noch einmal so dunkelrot als unten im Tal waren, Soldanella alpina usw., kurz, eine so üppige Fülle der schönsten Alpen-Frühlings-Pflanzen, daß wir uns mehrere Stunden nicht von ihnen trennen konnten und unsere Botanisierbeutel mit Hunderten von Exemplaren füllten.

Auch weiter unten war die Flora sehr interessant, namentlich in der tiefeingeschnittenen schneereichen Schlucht zwischen Schnee- und Raxalp, wo uns die großen weißen Blütenglocken des Helleborus niger und der Dentaria enneaphyllos überraschten, ferner der seltene Ranunculus Thora und weiter gegen die Baumregion herab dichte Haine der niederen, strauchigen Alpen-Erle (Alnus viridis). Aus letzteren traten wir in einen herrlichen maigrünen Lärchenhain, und durch gemischte Schwarzföhren- und Fichtenwälder, gemischt mit schlanken, luftig-lockeren Edeltannen, ging es dann ziemlich steil in das einsame Breitetal, zwischen Raxalp und Semmering, hinab, in dessen dunkelm, kahlem Grunde ein lieblicher Weg uns in kurzer Zeit nach Kapellen führte, dem an der Einmündung des letztern gelegenen Gebirgsdorfe. Der Abend war so reizend, daß wir, obwohl tüchtig ermüdet, doch noch über

1 Stunde in dem schönen Mürztale, dem Laufe der prächtig dunkelgrünen, mild-frischen Mürz entgegen, umherschlenderten. Erst nach völlig eingebrochener Nacht gelangten wir in unser vortreffliches Nachtquartier zurück (Wedls Hirsch in Kapellen), welches durch ausgezeichnete Quantität und Qualität der festen und flüssigen Nahrung, durch fabelhaft billige Preise und große Gemütlichkeit der netten Wirtsleute, echten Steiermärkern, mich lebhaft an die urgemütlichen Kneipen im Salzkammergut und Tirol erinnerte, wo ich mich im Herbst 1855 so wohl befunden. Besonders vortrefflich war aber hier der schwarzrote Steiermärker Wein, an dem unsere durstigen Kehlen, mit Grazer Sauerbrunn gemischt, sich kaum satt trinken konnten.

Sonntag, den 24. Mai, hatten wir von Kapellen bis Mürzzuschlag, der südlichen Endstation der Semmeringbahn, nur noch einen kleinen Marsch von 2 Stunden durch die östlichste Strecke des lieblichen Mürztales, doch brauchten wir dazu fast den ganzen Vormittag, indem wir auf den blühenden Wiesengründen und an den tannenbewachsenen Bergabhängen mit Muße noch manche schöne Pflanze sammelten, namentlich in einem kleinen Seitentale das reizend zierliche Isopyrum thalictroides, dann Gentiana aestiva, Geranium phaeum usw. Um 12 Uhr mittag bestiegen wir in Mürzzuschlag den Zug, der uns mit Hilfe einer der kolossalen, schwerfälligen Alpenlokomotiven (mit ganz kleinen Schwungrädern, sehr schwerer Basis und vielen besonderen, eigens für diesen Zweck erfundenen Mechanismen) über den Semmering schleppen sollte. Der Genuß, den uns diese zweistündige, in ihrer Art ganz einzige Alpenfahrt gewährte, war ganz außerordentlich, übertraf bei weitem unsere, obwohl nicht wenig gespannten Erwartungen und bildete einen würdigen Beschluß unserer in jeder Beziehung so höchst gelungenen Frühlings-Alpen-Exkursion, die mich mit einem solchen Schatze der interessantesten, neuen Naturanschauung bereichert hatte. Vergeblich würde ich versuchen, mit Worten die ungemein großartigen Reize dieses mit dem riesigsten Kräfteaufwand und Überwindung der größten Schwierigkeiten mitten durch die Alpen gelegten Schienenweges nur einigermaßen anschaulich zu schildern. Am ehesten möchte ich es an Kühnheit der Ausführung und Reichtum wechselvoller Naturreize noch mit der Wormser Jochstraße, die mich damals so sehr entzückte, vergleichen, wenn es nicht doch so vieles ganz Eigentümliches hätte; namentlich verleiht das Durcheilen dieser prächtigen Berge auf den Flügeln des Dampfes dem Ganzen einen ganz eigenen Reiz. Übrigens wird nur bergauf, bis zur Höhe des Passes (2790 Fuß ü. M.) mit voller Dampfkraft gefahren, was wegen der sehr starken Steigung doch nur sehr langsam fördert; bergab läuft der Zug ganz von selbst, und die schwerfällige Lokomotive hat nur zu hemmen und den Lauf zu mäßigen. Die Steigung ist übrigens sehr wechselnd und sinkt oft plötzlich von 1:40 (1 Fuß Steigung auf 40 Fuß Weite) auf 1:400. Der Gipfelpunkt der Bahn durchbohrt die Spitze des Semmering (der noch 300 Fuß höher ist) mit einem 4600 Fuß langen Tunnel, durch den wir 5 Minuten herauf fuhren. Außerdem zählte ich noch 15 Tunnels, darunter 6 größere. Einige sind seitlich durch Lucken durchbrochen, durch welche Licht hereinfällt und von denen jede einzelne ein ganz reizendes Bild einer kleinen, in sich geschlossenen Alpenlandschaft gibt. Auch die Brücken und Viadukte, oft 2—3 Bögen Etagen übereinander, sind ganz großartig und ziehen sich stellenweis kühn an senkrecht abstürzenden Felswänden hin, während sie an andern Stellen ganze Täler und tiefe Schluchten überspringen.

Die Umgebungslandschaft trägt überall den erhabenen Hochgebirgscharakter: tiefeingeschnittene Täler und scharfgezackte Kuppen, nackte Felsen und dunkelbewaldete Bergabhänge, lieblichgrüne Wiesengründe und in ihnen, wie Silberfäden hindurchziehend, klare Bäche. Belebt wird das Ganze durch die überall zerstreuten Sennhütten und die weißen, schmucken Dörfer, durch die frühere Fahrstraße, deren kaum minder kühne Windungen man auf die überraschendste Weise bald ober-, bald unterhalb der Eisenbahn sich hinziehen sieht, durch neue Schlösser und alte Ruinen, die auf den Gipfeln steiler Felsen in das tiefe Tal hinunterschauen. Den größten Reiz gewähren aber die kühnen Windungen der Bahn selbst, die man in der überraschendsten Mannigfaltigkeit bald hinter, bald vor, bald tief unter, bald hoch über sich erblickt. Die Krümmungen, die das äußerst schwierige Terrain bedingt, sind ungemein stark, und die Bahn geht dieselbe Wegstrecke ungefähr viermal hin und zurück, ohne viel zwischen dem Tälerlabyrinth weiter zu kommen. Von Adlitzgraben nach Klamm und von Eichberg nach Gloggnitz kann man auf direktem Weg bequem in derselben Zeit zu Fuß hinübergehen, während welcher der Zug in weitem Bogen um mehrere Berge herum dahinfährt. In Eichberg sieht man Gloggnitz 540 Fuß tiefer zu seinen Füßen liegen, kaum mehr als eine halbe Stunde entfernt, muß aber, um diesen bedeutenden Abfall allmählich sich zu senken, noch um den weiten Abhang des ganzen Gotschakogels herumfahren. Ganz reizend ist der Anblick des Schwarzautals und seiner Mündung in die weite Leitha-Ebene, wenn der Zug bei der letzten Biegung nach Osten aus den Bergen hervortritt, die letzten langgestreckten Felsrücken beiderseits zurücktreten und zwischen beiden die lachende, grüne Fläche vortritt, während im Rücken die Schneegipfel der Alpen über das schwärzliche Grün der föhrenumwachsenen Berggehänge herüberschimmern. Nur ungern und mit der Hoffnung auf baldiges Wiedersehen nahmen wir von ihnen Abschied und eilten von Gloggnitz aus auf den Flügeln der weit schnelleren Flächenlokomotive in drei Stunden der Kaiserstadt zu, deren Staub und Städtedunst uns nach dem frischen Genuß der freien Gebirgsluft doppelt drückend wurde. Um 5 Uhr nachmittag trafen wir auf dem Südbahnhof ein und brachten unsere Pflanzenschätze sogleich in Sicherheit.

II.
Eine Winterfahrt über den Sankt Gotthard
(1859)

Am 2. Februar früh 6 Uhr bestieg ich in Luzern das Dampfschiff. Es war ein kalter, klarer Morgen. Die schmutzige Nässe der letzten Tage war durch eine klare, scharfe Kälte vertrieben, die während der Nacht mit einem kalten Südwind sich eingestellt und die Ränder des Vierwaldstätter Sees mit einer breiten Eiskruste bedeckt hatte. Die letzten Reste der Nebelmassen, die die Berge verhüllten, zogen sich als dichte, schmale Wolkenstreifen an dem Fuß zusammen. Bei der Abfahrt standen noch die Sterne rings am klaren Himmel, welche beim Heraufziehen der Morgenröte nach und nach verschwanden. Der größte Teil der Passagiere des Schiffs bestand aus Kühen, deren Einschiffung ein sehr komisches Schauspiel bot, indem sie auf einer abschüssigen Bahn herabrutschen mußten. Auf dem Hinterdeck befanden sich außer mir nur fünf Passagiere, darunter vier Schweizer. Der fünfte war ein Freiherr Ferdinand von Ditfurth, k. k. österreichischer Leutnant (im 33. ungarischen Infanterieregiment Graf Biela), ein geborener Kurhesse, ein recht netter, gebildeter Kerl, mit dem ich bald bekannt wurde. Er war in Bologna in Garnison und jetzt auf der Rückkehr von einer Urlaubsreise in die Heimat.

Sobald es heller wurde, konnte ich die berühmten Naturschönheiten des Vierwaldstätter Sees in der eigentümlichen Pracht genießen, die ihm das schneeige Winterkleid verlieh. Vor anderen ist dieser See ausgezeichnet durch die zahlreichen tiefen Einbuchtungen und Ausläufer, die er nach allen Seiten tief in das Land hineinschickt. An den meisten Stellen fallen die Ufer so steil in das Wasser ab, daß kein Pfad daneben mehr Platz hat. Die grauen und gelben Felswände zeigen die schönsten gebogenen und verworfenen Schichten. Die dunklen Tannenwälder ziehen sich von den hohen Triften in schmäleren und breiteren Streifen bis an das Seeufer hinab. Jetzt lag überall dicker Schnee, wo es nicht gar zu steil war, und die Nadelholzwaldungen erschienen dadurch sehr zierlich schwarz und weiß meliert. Die Wasserfälle hingen als Eiszapfen herab. Der Wechsel der aufeinander folgenden Landschaften war außerordentlich schön und mannigfaltig. Bei jeder neuen Biegung des Sees schien sich ein neuer runder Wasserspiegel abzuschließen, dessen Ufer rings von den verschiedenst gestalteten Felszacken eingeschlossen waren, mit deren schroffen Wildheit die freundlichen Hütten auf den Matten an deren Fuß in schönem Kontrast standen. Dabei hatte die Erinnerung an alle die klassischen, durch „Wilhelm Tell" berühmt gewordenen Orte einen doppelten Reiz; die Hohle Gasse, Geßlers Zwingburg, Küßnacht, Gersau, Bauen, das Rütli, die Tellsplatte zogen nacheinander vorüber.

Um 9 Uhr legten wir in Flüelen an, wo ich mit Herrn von Ditfurth das Coupé der Diligence bestieg. Diese Coupés der Schweizer Postwagen sind äußerst komfortabel, bequem und geräumig, wie ein kleiner Salon, vorn mit fünf Fenstern nebeneinander im Halbkreis, so daß man nach beiden Seiten und nach vorn die schönste Aussicht hat. Leider dauerte das Vergnügen hier nicht lange, da wir schon nach einer Stunde (in Amsteg) diesen komfortablen Aufenthalt, aus dem wir die herrliche Alpenlandschaft in der schönsten Art betrachten konnten, mit einem engen, großen Postschlitten vertauschen mußten, in dessen Coupé wir beide kaum Platz hatten. Doch dauerte auch dieses nicht lange, da wir schon auf der nächsten Station in eine Karawane von sechs Schlitten gesondert gepackt wurden. Diese Schlittchen sind sehr einfach und wesentlich auf die verschiedenen Zufälle berechnet, denen man auf einer Alpenreise mit starkem Schneefall ausgesetzt ist. Sie gleichen den kleinen Schlitten, in denen man bei uns die Kinder spazieren fährt. Vorn sowohl als hinten hat gerade je eine Person Platz, die ihre beiden Beinpaare nur mit großer Mühe unterbringen können. Vorgespannt wird vor jeden Schlitten nur ein Pferd, welches den gewohnten Weg ohne Postillion, selbst führend, zurücklegt. Diese äußerst leichten Fuhrwerkchen haben den Vorteil, daß man an den schlimmsten Stellen leicht über diese hinwegtraben sowie bei einer etwaigen Schneeverschüttung sich leicht wieder herausarbeiten kann. Dabei geht das Pferd, wenn die Schneebahn gut ist, einen sehr schnellen Trab sowohl bergauf als bergab. Ferner kann man sich nach allen Seiten frei umsehen, da bloß die Füße im Schlitten stecken.

Wir hatten uns beide in unserem Schlittchen bald recht behaglich zurecht gesetzt und sahen uns, ganz in Pelz und Tücher bis über die Ohren warm eingepackt, die wundervolle Winterpracht der Schneewelt recht nach Herzenslust an. Eine solche Alpenlandschaft im Schneekleid ist wirklich ein ganz eigenes, unvergleichliches Naturwunder, das man selbst genossen haben muß, um einen ordentlichen Begriff davon zu haben. Die weiten, fleckenlosen, schimmernden Schneefelder, abwechselnd mit den bunten, nackten Wänden der steilen Felsen und dem weißgesprengelten Graugrün der Tannenwälder, verleihen der ganzen Landschaft einen feierlichen Schimmer, einen festlichen Glanz, der durch die Totenstille weit und breit noch gehoben wird. Nur von den größeren Sturzbächen und Wasserfällen bleibt ein Teil noch ungefroren und unterbricht durch sein lautes Murmeln die eintönige Stille. Aber auch der Rand von diesen ist

2*

von breiten Eisschollen überdacht, und die kleineren Wasserfälle hängen, ganz gefroren, wie prächtige, blaugrüne Stalaktiten von den hohen Felswänden herab. Ganz eigentümlich stehen in der allgemeinen Schneedecke die zahlreichen, kleinen, braunen Häuschen isoliert da; und auch die großen, überall zerstreuten, dunklen Felsblöcke gewähren dem Auge in dem blendenden Weiß der Schneedecke einen Anhaltspunkt.

Schon der Anblick dieser Hochalpen im Winter hätte alle Mühen und Kosten dieser Route allein aufgewogen, da sie das Bild, das ich mir von den Alpen bei längerem Besuche erworben, in sehr wesentlicher Weise vervollständigte. Außerdem kam aber noch mancherlei speziell Interessantes hinzu. Diese Fahrt war die erste dieser Reise, die meine alte Reiselust in etwas wieder wachrief und befriedigte.

Schon in Altdorf hatte uns der Posthalter gesagt, daß der Übergang sehr schwierig sein würde, da die Posten von drüben seit 2 Tagen wegen starken Schneefalls ausgeblieben seien. Bald sollten wir erfahren, wie bedeutend er gewesen. Schon am Fuße des mächtigen Bristenstocks, wo die eigentliche Gotthardstraße steiler und steiler beginnt, hatte der bis dahin 2—3 Fuß tiefe Schnee eine Dicke von vier Fuß erreicht, so daß das Pferd, das bis dahin ziemlich rasch auf der schon befahrenen Schlittenbahn vorausgeeilt war, langsam gehen mußte. Kaum waren wir eine Stunde über Wasen hinaus, als es plötzlich vor einem Schneeberg stillstand, an dem die Straße plötzlich wie abgeschnitten aufzuhören schien. Wir hatten als Inhaber des Coupés das stärkste Pferd vor unser kleines Fuhrwerk erhalten, welches zugleich für die übrigen den Weg erst ebnen mußte. Hinter uns folgten die fünf anderen Schlitten, und zuletzt ein größerer zweispänniger Bagageschlitten mit dem Kondukteur. Wir ließen diese herankommen, und es ergab sich, daß wir vor einer frisch herabgestürzten Lawine standen, die den heute früh erst frisch geschaufelten Weg bereits wieder verschüttet hatte. Wir mußten versuchen, uns erst wieder hindurchzuarbeiten, so gut es ging. Zuerst mußten die Passagiere absteigen, den mächtigen Schneehaufen erklettern und durch Stampfen mit den Füßen denselben so fest zu trampeln suchen, daß die Pferde hinüber konnten. Nachdem die Straße ziemlich geebnet schien, wurde mit unserem ersten Schlitten der Versuch gemacht, ihn hinüber zu bringen, was denn auch mit vieler Mühe gelang. Schlimmer erging es dem zweiten, dessen Pferd nach den ersten Versuchen seitlich auswich und mit dem ganzen Körper in dem lockeren Schnee versank, so daß nur noch Kopf, Hals und ein Teil des Rückens herausschauten. Beim Versuch, es herauszutreiben, geriet es nur noch tiefer hinein, und zuletzt mußten sämtliche Passagiere sich vorspannen, um das arme Tier, welches ganz im Schnee versunken war, herauszuziehen. Noch schlimmer erging es dem fünften Schlitten, der bei der höchsten Schneekante umstürzte und sich ganz überschlug. Zum Glück hielt jedoch das Pferd fest; er enthielt auch nur Bagage. In dieser Art mußten wir uns noch ein paarmal durch die dichten Schneemassen hindurcharbeiten. Doch war diese Lawine die schlimmste, und die folgende, welche wir trafen, war bereits durch einige fünfzig herbeitelegraphierte Arbeiter wieder freigeschaufelt.

Das beste war, daß wir dabei anfangs das schönste Wetter hatten, klare Sonne und heiteren blauen Himmel, der über die weißen Schneezacken der Gebirgsfirsten gar freundlich hereinschien. Gegen Mittag fing aber auch dieser an, sich durch dichte Schneewolken zu trüben, und zugleich erhob sich ein ziemlich starker Wind, der die frischgefallenen Schneemassen recht lustig von den Kuppen herabwehte und uns stellenweise mit dichten Staublawinen oder Schneeregen bedeckte. Zuletzt gestaltete sich daraus ein richtiger „Gur", d. h. ein regulärer Schneesturm, der uns mit allen seinen Reizen und Schauern überschüttete.

Übrigens hörte auch dies Schneien und Stieben bald auf, und gerade die schönsten Stellen der berühmten Gotthardstraße sahen wir in ihrem besten Glanze und bei einer so eigentümlichen Beleuchtung und Schneedekoration, wie sie gewiß wenige Reisende genießen. Die Abwechslungen der verschiedensten Hochgebirgsbilder sind auf der ganzen Strecke überaus reizend. Die schöne Straße zieht sich bald auf dem rechten, bald auf dem linken Ufer der wilden Reuß in kühnen Schlängelungen längs der steilen Felswände hin und überspringt den wilden Bergstrom abwechselnd auf mehreren Brücken. Stellenweise ist der Weg tunnelartig durch Felsen gebrochen, der durch sogenannte „Galerien", übermauerte Dächer (wie am Wormser Joch im größten Maßstabe) überbrückt. Dabei kommen die herrlichsten Wasserfälle von allen Seiten herab, welche jetzt zu den schönsten grünblauen Eiszapfen versteinert waren. Anfangs ist das Tal weit, mit breitem Boden und nimmt mehrere Nebentäler auf. Später verengt es sich zu einem wilden, schauerlichen Engpaß, den Schöllenen und dem Drachental, in dessen engem Grunde die künstliche Straße neben dem schäumenden Fluß kaum Platz findet. Die wildesten Punkte sind die 90 Fuß hohe Reußbrücke (Teufelsbrücke), unter dem die Reuß einen mächtigen Wasserfall bildet, und das Urner Loch, ein längerer Felstunnel; überrascht tritt man gleich darauf in das freundliche flache „Urserental", in dessen breitem, flachem Schneekessel das Dörfchen Andermatt sehr freundlich sich darstellt. Leider war es bereits 4 Uhr (statt 12 Uhr), als wir hinkamen, und der Kondukteur erklärte Weiterfahren bei diesem Schnee für unmöglich, so daß wir gezwungen waren, hier zu übernachten.

Der 3. Februar fand mich und meinen Gefährten, der sich eines 14stündigen gesunden Schlafs erfreut hatte, schon in der Morgendämmerung reisegerüstet in Andermatt vor. Wir hatten schon tags zuvor erfahren, wie wohl in diesen Eiswüsten gehörige Verpackung tut und daher alles angewandt, um den Unannehmlichkeiten dieses Tages, gegen den der vorige nur Kinderspiel sein sollte, zu begegnen. Ich hatte alles, was ich an Garderobe bei mir hatte, übereinander gezogen, nämlich: 1. ein wollenes Hemd, 2. ein baumwollenes Hemd, 3. ein leinenes Hemd, 4. die Tuchweste, 5. die Steppjacke, 6. den Tuchrock, 7. den Überrock, 8. den Pelz, und endlich über alles zusammen 9. den Plaid, welcher in Form eines Regenmantels mit Kapuze nur die Augen frei ließ und den mit Tüchern festgebundenen Hut mit einschloß. Entsprechend waren auch die Beine durch zwei Paar wollene und ein Paar leinene Unterhosen, Tuchhosen, doppelte Wollstrümpfe und Filzstiefel wohl verwahrt. Mein Gefährte war kaum weniger gut eingepackt und hatte über alles einen mächtigen ungarischen Pußta= (Pferdehirten=) Pelz gezogen. Als wir so in der niedrigen Stube der „Drei Könige" in Andermatt dastanden, im Dicken= und Breiten=Volum um das Doppelte vermehrt und mit den Häuptern die Decke berührend, mußten wir unwillkürlich über unsere ungeheuerlich steifen Mumiengestalten lachen, und die Italiener, die außer uns mitfuhren, vier kleine, vermikerte Kerls (wie meist in dieser Gegend) äußerten ihr Erstaunen über die beiden biondi Tedesci in den schmeichelhaftesten Ausdrücken, wie „grandissimi e bellissimi giovani" usw., welche wir uns diesen schwarzen dürren Zwergen gegenüber allerdings gefallen lassen konnten. Mein Gefährte war übrigens auch ein Muster eines kräftigen norddeutschen Jünglings, und auch sein Gesicht trug denselben deutschen Typus, wegen dessen ich schon mehrmals auf der Reise bin interpelliert worden.

Als wir in die Gaststube eintraten, war der Kondukteur bereits ausgegangen, um die Möglichkeit der Weiterfahrt zu erkunden. Wir ließen uns unterdessen das edle Schweizer Frühstück mit Honig und frischer Butter trefflich munden, zumal wir damit deutschem Luxus und Komfort für lange Zeit Lebewohl sagten. Noch waren wir nicht fertig, als der Kondukteur zurückkam und uns die einigermaßen untröstliche Nachricht brachte, daß wir noch 2—3 Tage hier sitzen könnten, da in der Nacht noch 2 Fuß Schnee gefallen und es ganz unmöglich sei, durchzukommen, zumal die Straßen durch Lawinen ganz verdeckt worden seien. Wir boten dagegen alles auf, um ihn zu einer Weiterfahrt zu bewegen, und vermochten ihn endlich, noch einmal zu rekognoszieren und durch den Telegraphen anfragen zu lassen, ob man darüber hinüber käme. Das Resultat war denn auch insofern sehr günstig, als er nach einer Stunde zurückkam und eröffnete, daß wir wenigstens bis zum Hospital oben auf der Höhe des Passes (beinahe 7000 Fuß!) zu gelangen versuchen könnten. Es wurde also in möglichster Eile alles in Bewegung gesetzt und gerüstet. Da wir aber ungleich größere Schwierigkeiten als gestern zu überwinden hatten, so wurde auch das Gepäck und die Passagiere auf die doppelte Zahl der Schlitten, nämlich auf 12, verteilt, so daß wir im ganzen eine sehr stattliche Karawane bildeten. Ditfurth und ich als Passagiere des Coupés genossen diesmal den Vorzug, den Zug zu schließen, so daß wir die wenigste Aussicht hatten, umgeworfen zu werden, und zugleich die Bahn von den Vorgängern schon eingefahren fanden.

Nach 9 Uhr fuhren wir ab, und bis zu dem eine Stunde entfernten Hospental ging die Schlittenfahrt auch ganz prächtig, da einige 50 Schneeschaufler hier schon vom frühesten Morgen an arbeiteten und der Weg bis hierher immer noch in der Horizontalebene des interessanten Urserentales hinführte, des flachen, runden Gebirgskessels, dessen untere Grenze die Teufelsbrücke, die obere Hospental bildet. Die Winterlandschaft war überaus herrlich: die weite, reinweiße Schneefläche, rings in die steilen Bergwände übergehend, deren reine Schneefarbe nur durch die Seitenwände der braunen, überall zerstreuten Sennhütten und einzelner ganz steiler, nackter, schwarzer Felsen unterbrochen wurde. Als Wegweiser zog sich zur Linken der Telegraph mit seiner Linie hoher Stangen, zur Rechten der dunkle Faden der nur noch in der Mitte offenen, beiderseits mit Eisschollen bedeckten Reuß hin. Zufällige Löcher im Schnee zeigten das wunderschönste, durchscheinende Grünlichblau, um so intensiver, je tiefer sie waren, eine hier ganz bekannte, interessante Erscheinung. Überall, wo wir den Stock nur einen Fuß tief einstießen, zeigte sich die herrliche Seefarbe im klarsten Glanz.

Gleich hinter Hospental begann die starke Steigung der Straße, welche von da bis zum Gipfel noch fast 2000 Fuß beträgt. In malerischen Schlangenwindungen krümmt sie sich in dem schaurig wilden, engen Reußtal empor, ein tiefer Abgrund zur Linken, eine steile Wand zur Rechten. Jetzt war aber die wirklich große Gefahr unter dem uniformen Schneekleide, das alles ohne merkliche Grenze ineinander übergehen ließ, zum Teil verborgen. Die vorausgeeilten Schneeschaufler hatten wir nun bald erreicht, und es ging jetzt langsam und mühsam vorwärts, da erst Schritt für Schritt wenigstens etwas gebahnt werden mußte. Indes waren wir kaum über das erste Sicherheitshaus (Cantoniera) hinausgekommen, als uns schon der Paßwächter mit seinem Bernhardinerhund, der hier jederzeit zur Aufnahme schutzloser oder im Schnee verirrter Reisender stationiert ist, entgegenkam und meldete, daß das Weiterkommen auf der neuen Straße rein unmöglich sei, da dieselbe durch eine Anzahl gestern gestürzter großer Lawinen so vollständig verschüttet sei, daß man sie kaum nach vieltägiger Arbeit wieder werde passieren können. Da war nun freilich guter Rat teuer. Zuletzt blieb nur das einzige Mittel übrig, einen Versuch auf der alten, längst verlassenen Straße zu machen, welche tief im Talgrunde der Reuß fortführt und dann plötzlich sehr steil ansteigt. Anfangs ging es denn auch da ganz leidlich, obgleich erst Schritt für Schritt geschaufelt und festgetreten werden mußte. Als es aber an die steilen Aufgänge kam, wurde das Weiterfahren ganz unmöglich, da die Pferde alle Augenblicke bis über den Leib im Schnee versanken, die Schlitten ebensooft umstürzten und die armen Tiere trotz aller Anstrengung uns keinen Fuß weiterbrachten. Zunächst mußte also alles aussteigen. Dann wurden die Gepäckstücke auf die einzelnen Schlitten verteilt, so daß die einzelnen Rosse nur wenig zu ziehen hatten. Aber auch dieses wurde weniger durch ihre

Kraft, als durch die Mühe der sehr geübten und kräftigen Schneeschaufler emporgebracht, welche mit den Postillionen um die Wette hinaufschoben. Die armen Pferde hatten genug zu tun, ihren eigenen Kadaver hinaufzuschaffen, und nicht besser erging es uns selbst, da wir, dieser Art zu gehen gänzlich ungewohnt, unbehilflich hinter dem Schlitten herkeuchten und jedesmal, wenn wir nur einen Schritt breit über die schon betretene Bahn hinaustraten, bis an die Hüften mit den ganzen Beinen in dem Schnee versanken. Dies war das Unangenehmste der ganzen Tour, da die Beine durch diese mächtige Wärmeentziehung trotz ihrer vielfachen Hülle bald ganz erstarrt waren, während der Oberkörper, übermäßig durch die Anstrengung erhitzt, schwitzte. Zwei Stunden mühevollsten Kletterns und Herausarbeitens aus dem 5 Fuß tiefen Schnee vergingen so, ehe wir nur ein verhältnismäßig kleines Stück Weg zurückgelegt hatten und uns in unseren kleinen Schlittchen, in deren Rück- und Vorsitz wir beide abwechselten, wieder einpacken konnten. Stellenweise mußte auch durch eine kleine Lawine erst ein Hohlweg gegraben werden oder eine größere im Bogen umfahren werden. Glücklicherweise war das Wetter ziemlich heiter, und stellenweise trat sogar die Sonne aus den weißen Schneewolken hervor und warf auf die weiten weißen Felder einen so blendenden Schimmer, daß wir lauter bunte Farbenringe vor dem Auge sahen und ich meine grüne Gletscherbrille, die im Koffer lag, schmerzlich vermißte.

Kaum hatten wir die schlimmsten Stellen, wo die meisten Lawinen stürzen, hinter uns, als auch das „Guxen" schon wieder anfing und heftiger Schneesturm bald alles in undurchsichtiges, trübes Helldunkel hüllte. Bald dienten nur noch die Telegraphenstangen in der endlosen Schneewüste, in der man keine zehn Schritt weit sehen konnte, als Führer, und wir konnten wirklich von Glück sagen, als wir nach sechs Stunden schwerster Arbeit (wozu man im Sommer zweieinhalb braucht!) ohne Verlust die Höhe des Passes und bald darauf das Hospiz mit dem Albergo del S. Gottardo erreicht hatten. Es ist dies ein sehr einfaches und dürftig eingerichtetes, hölzernes Schutzhaus mit steinernem Unterbau, in welchem wir zwar alles voll Rauch, aber keine Wärme fanden; doch bekamen wir wenigstens eine heiße, obwohl sehr wasserreiche Brotsuppe, über welche wir, wie über ein Stückchen Schinken und Brot, mit wahrem Heißhunger herfielen. Letzterer war hoffentlich der teuerste, den ich je genießen werde: er kostete 20 Silbergroschen!

Unter diesen Umständen war die Aussicht, hier zu übernachten, keineswegs reizend, und wir hätten sehr gewünscht, weiter zu kommen, wenn es nur möglich gewesen wäre. So lange aber die seit 2 Tagen vermißte Post von drüben (aus Italien) nicht angekommen war, war es rein unmöglich, hinüber zu kommen. Da wurde plötzlich auch dieser Wunsch erfüllt. Die lautlose Öde wurde durch ein leises Klingeln unterbrochen, und bald fuhr ein Zug von 10 kleinen Schlitten vor. Der Eintritt der beschneiten und verfrorenen Gestalten aus Italien machte sich recht komisch und es gab in der engen verräucherten Wirtsstube bald ein recht tolles, buntes Bild, da auch die Treiber inzwischen mit den Schneeschauflern angekommen waren und sich nun auf alle Weise zu erwärmen und zu erquicken suchten. Namentlich entspann sich ein lebhafter Streit über zwei halb abgenagte Schinkenknochen und die Plätze auf dem breiten Backofen, der mit italienischem Lärm und Eifer geführt wurde.

Wir unsererseits mußten uns rasch auf die Beine machen, wenn wir auf der anderen Seite noch hinunterkommen wollten. Das ging dann aber auch wie im Flug. Die Schlittchen nahmen eine größere Distanz voneinander und jagten dann die 46 Serpentinen des steilen südlichen Abfalls mit einer Geschwindigkeit hinab, daß einem wirklich etwas bange werden konnte und die Italiener in den vorderen Schlitten, wie tags zuvor, anfingen, alle Heiligen anzurufen und soundsoviel Messen zu geloben, wenn sie gesund hinüberkämen. Namentlich das Umbiegen am größten Bogen der Krümmungen geschah mit erstaunlicher Sicherheit und Schnelligkeit, so daß der Schlitten immer mit einem gewaltigen Satze herumgeschleudert wurde und man nicht anders dachte, als daß er nun in den Abgrund von mehreren tausend Fuß hinabfliegen müßte. Die trefflich eingeschulten Pferde, die mit außerordentlicher Kraft und Sicherheit alle diese Manöver ausführten, für die ein Gaul der Ebene gar nicht zu gebrauchen wäre, hatten aber dann immer schon wieder auf der unteren Windung festen Fuß gefaßt und zogen das kleine Fahrzeug mit Sturmeseile nach sich. Ein paarmal stürzte auch ein und der andere Schlitten um, zum Glück jedoch an ungefährlichen Stellen, und da war denn der Schaden bald wieder gebessert.

Als die gefährlichsten Stellen des Herabstieges, das durch die vielen Lawinenstürze berüchtigte wilde und düstere Val Tremola, wo im vorigen Jahre eine Lawine einen Postschlittenzug mit 45 Menschen in den Tiefen des Abgrundes begraben hatte, erst vorüber waren, ging es nun vollends mit lustiger Geschwindigkeit. Bald kamen auch die ersten Spuren von Vegetation wieder, kleine verkrüppelte Zwerg-Erlen und Knieholz; tiefer unten ging es durch einen dunklen Tannenwald. Die Landschaft war auf dieser Seite fast noch wilder, großartiger und herrlicher als auf der anderen, und man sah noch mehr davon, weil die Abstürze hier viel steiler zusammenfallen und die nackten Felskuppen zahlreicher aus der schimmernden Schneedecke hervorschauen. Doch fing es bald wieder so stark an zu guren, daß uns dieser Genuß entging.

Um 6 Uhr abends waren wir dann endlich glücklich in Airolo angelangt, gerade also einen Tag später, als die Regel war; und doch konnten wir uns nur Glück wünschen, unter diesen Umständen so glücklich in zwei Tagen hinübergekommen zu sein. Die oben uns Entgegenkommenden hatten noch einen Tag mehr gebraucht.

So hatten wir denn dem lieben Deutschland auf lange Zeit Lebewohl gesagt. Airolo ist schon ein ganz italienisches Nest mit allem Schmutz und

Ekel Italiens. Doch tat uns die Wärme seines Kaminfeuers und seines schlechten Kaffees nach dieser Schneepartie sehr wohl, und mein Gefährte bewirtete mich noch dazu mit schöner Leberwurst, mit der ihn seine Mutter in Kassel bepackt hatte; wogegen ich ihn mit Mutterchens trefflichem Quittenlikör, der mich auf dieser ganzen sibirischen Tour lebenswarm erhalten hatte, erquicken konnte. In Airolo wurden wir nun wieder aus unseren niedlichen kleinen offenen Schlittchen, die wir auf dieser Fahrt ordentlich liebgewonnen hatten, in das Coupé eines großen, gedeckten Postschlittens umgepackt, mit welchem wir die weitere Fahrt bis Bellinzona ohne besondere Erlebnisse vollendeten. Mein Gefährte hatte zwar seine beiden Pistolen schußfertig in den Brusttaschen und ich meine beiden Dolchmesser ebenfalls kampfbereit, da die Post auf dieser berüchtigten Strecke von tessinesischen Bravis zuweilen angefallen worden ist; indes hatten wir keine Gelegenheit, sie anzuwenden, und waren auch bald, von der Anstrengung ermüdet, fest eingeschlafen. Von der Gegend konnten wir bei dem schwachen Schimmer des Schnees nur wenig sehen, da Mondschein fehlte. Sie soll sehr schön sein. Um 1½ Uhr früh waren wir in Bellinzona, wo sich mein Gefährte nach herzlichem Abschied von mir trennte, um nach Mailand zu reisen. Ich fuhr nach Magadino weiter, wo ich um 6 Uhr das Dampfschiff bestieg, daß mich in vier Stunden über den Lago Maggiore nach Arona führte. Die prachtvollen Ufergebirge des Sees waren dicht mit Schnee bedeckt, der an den nördlichen Gestaden bis zum Wasser hinabstieg. Die ganze Fahrt war überaus schön. Die Sonne ging am wolkenlosen Himmel prachtvoll auf, nachdem sie über die obersten Schneespitzen im Westen einen herrlichen morgenroten Schleier geworfen hatte. Die Abwechslung der Landschaftsbilder, die schon im Sommer diesen See so reizend macht, war doppelt schön und interessant durch den Kontrast der schneebedeckten Gebirgskrone mit der üppigen südlichen Vegetation, deren Spuren (Oliven, Granaten, Zypressen, Aloen usw.) selbst jetzt überall an ihrem Fuß sichtbar waren. So bildete diese herrliche Fahrt einen würdigen Abschluß dieses merkwürdigen Gotthardübergangs, den ich zu den interessantesten Touren zähle, die ich je gemacht habe. Gefahr, Kosten und Mühe wurden durch die überaus herrlichen Naturgenüsse weit aufgewogen.

III.
Reise nach den Kanarischen Inseln
(1866/67)

1. London

An meine Freunde in Jena! London, den 24. Oktober 66.

Da meine Abreise von London erst am Freitag, den 2. November, stattfinden wird, will ich Euch lieben Freunde, die Ihr vielleicht dann und wann meiner gedenkt, von hier aus noch ein Lebenszeichen über den bisherigen Verlauf meiner Reise zukommen lassen.

Meine Absicht, diesen Winter in Sizilien und namentlich an dem tierreichen Hafen von Messina zuzubringen, wurde, wie Ihr wißt, bereits in den letzten Wochen meines Aufenthalts in Jena durch die ungünstigen Nachrichten über die sizilischen Zustände stark erschüttert. Briefe aus Messina, welche ich in Bonn erhielt, ließen mir die Landung ganz unmöglich erscheinen. Ich mußte mich daher in Bonn entschließen, meinen Reiseplan zu ändern, und wählte schließlich endgültig Madeira und Teneriffa als diejenigen Orte aus, welche von allen nicht mediterranen Küstenpunkten für meinen Zweck am meisten geeignet erschienen. Doch stellten sich auch der Ausführung dieses Vorhabens noch wiederholt ernstliche Schwierigkeiten entgegen, da die Dampfschiffe, welche den regulären Passagierdienst zwischen England (Liverpool) und der Westküste von Afrika versehen, wegen der Cholera den Dienst nach Madeira eingestellt haben. Erst in London bot sich eine neue Gelegenheit, meinen Plan auszuführen, indem ein portugiesischer Steamer, Maria Pia, die Annahme von Personen zum Transport nach Madeira avisierte. Mit diesem Schraubendampfer werde ich am 2. November von hier abfahren und in etwa 5—6 Tagen in Lissabon eintreffen. Dort muß ich 5 Tage in Quarantäne liegen und kann erst am 15. November von dort weiter nach Madeira gehen. Dr. Greeff, Privatdozent der Zoologie in Bonn, welcher auch vor Jahren in Helgoland mein Seegefährte war, wird mich begleiten. Meine beiden Schüler Fol und Miclucho schiffen sich in Bordeaux ein, und wir werden erst in Lissabon oder in Madeira zusammentreffen. Da die ersten Tage auf der Insel voraussichtlich mit Exkursionen und mit dem Genuß der prachtvollen subtropischen Natur vergehen werden, so werden wir wohl erst Anfang Dezember unsere zoologischen Arbeiten beginnen.

So unangenehm mir auch diese bedeutende Verzögerung des ursprünglich auf Anfang September festgesetzten Anfangs der Arbeit ist, so wird dieser Verlust doch durch die vielen nicht zoologischen Beobachtungen dieser Zeit mehr oder weniger aufgewogen werden. Zunächst ist mir schon die Verlängerung des sonst gar zu kurzen Aufenthalts in London in mehrfacher Beziehung angenehm. Sie gibt mir Gelegenheit, das wunderbare Leben dieser unvergleichlichen Weltstadt noch etwas näher kennen zu lernen, welche mir schon in den ersten Tagen meines Hierseins die höchste Bewunderung abgenötigt hat. London und seine Bewohner haben in der Tat alle meine Erwartungen übertroffen. So großartig, so ganz verschieden von allem Festländischen, so weit erhaben über Paris, Berlin, Neapel usw. hatte ich mir London nicht gedacht. Alles ist nach einem höchst großartigen Maßstabe zugeschnitten, der unsere festländischen Begriffe weit übersteigt.

Zunächst tritt dieser gewaltige Maßstab dem Ankömmling in dem unermeßlichen Verkehr entgegen, der alle die zahllosen Straßen und Gassen, Plätze und Märkte belebt, und der gewiß nirgends in der Welt überboten werden kann. Nicht allein die Masse der sich durcheinanderdrängenden Fußgänger aller Nationen und Fuhrwerke aller Sorten auf den Straßen selbst gibt davon eine Vorstellung, sondern noch mehr die wunderbaren, in ihrer Art einzigen Eisenbahnzüge, welche die ganze Stadt unterirdisch durchkreuzen, in Tunnels, unter den Kellern der Häuser weggehend; ferner die nicht minder merkwürdigen und durch Kühnheit der Anlage ausgezeichneten Eisenbahnen, welche hoch über den Dächern der Häuser hinweg oder zwischen ihren höheren Stockwerken hin bis in das Herz der Stadt dringen.

Nächst dem gewaltigen Weltverkehr und dem höchst bewunderungswürdigen Gemeinsinn, der sich in allen Einrichtungen Londons ausspricht, hat mir der ungeheure Reichtum und Komfort, der nicht minder auffallend ist, am meisten den Unterschied des festländischen und des englischen Lebens versinnlicht. Welche ungeheuren Summen sind hier überall angewendet, teils, um das Leben möglichst angenehm und komfortabel, teils, um den Gebrauch der großartigen Unterrichtsanstalten möglichst nutzbar zu machen. Unter letzterem ist die großartigste das Britische Museum, welches nicht allein durch die unübertroffene Fülle des Inhalts, sondern noch mehr durch die äußerst passende, praktische und instruktive Aufstellungsweise der Objekte alle ähnlichen Anstalten des Kontinents (Paris und Berlin nicht ausgenommen) weit hinter sich läßt. Freilich beträgt auch die Dotation dieses einen Museums jährlich 30000 Pfund (200000 Taler!). Nächstdem haben die außerordentlich schönen und reichen Sammlungen des Hunter-Museums (im College of surgeon) mir am meisten imponiert.

Bei den englischen Fachgenossen habe ich die freundlichste Aufnahme gefunden. Gleich der erste Empfang war so herzlich und offen, daß ich mich sogleich heimisch fühlte. Mit der größten Liberalität stellten sie mir ihre Bibliotheken und Sammlungen zur Verfügung; fast täglich bin ich bei dem einen oder anderen eingeladen und habe so schon gute Gelegenheit gehabt, das herzliche und gemütliche englische Familienleben kennen zu lernen, welches dem deutschen so nahesteht. Überhaupt tritt mir, bei aller Verschiedenheit des englischen und deutschen Lebens, in politischer und sozialer, wissenschaftlicher und praktischer Beziehung dennoch der gemeinsame germanische Grundcharakter überall sehr wohltuend entgegen, und ich empfinde sehr auffallend den Gegensatz, welcher zwischen dem germanischen England und Deutschland einerseits, dem romanischen Frankreich und Italien andererseits besteht. In letzterem ist alles äußerlich, glatt, glänzend, aber auch sehr vieles hohl und leer, voll Phrase und Heuchelei, während in ersterem überall viel mehr Solidität und Gründlichkeit, Zuverlässigkeit und Wahrheit sich ausspricht. Auch in bezug auf unsere Wissenschaft ist dieser Unterschied sehr auffallend.

Der Glanzpunkt meines bisherigen Londoner Aufenthaltes war der vorige Sonntag, welchen ich bei Darwin zubringen durfte. Ich fuhr am 21. Oktober morgens auf der Eisenbahn nach Bromley (etwa 20 englische Meilen von London entfernt). Dort erwartete mich Darwins Equipage, welche mich in ½ Stunde nach seinem Landgute in Down brachte. Die Aufnahme von Darwin und seiner Familie war die allerherzlichste. Ich mußte dort übernachten und wurde erst am anderen Morgen wieder losgelassen. Die Exposition meiner „Generellen Morphologie" sowie die begleitenden Stammbäume erregten bei Darwin und ebenso bei Hurley das lebendigste Interesse, und ich darf hier der freundlichsten Aufnahme meines Buches gewiß sein. Ich fand Darwin und auch Hurley ganz so, wie ich sie mir nach unserer Korrespondenz vorgestellt hatte, äußerst liebenswürdig, und ich bewege mich bei ihnen ganz wie zu Hause. Mit Hurley bin ich besonders viel zusammen; er ist höchst intelligent und freisinnig.

Meine Wohnung hier ist sehr günstig gelegen. Ich logiere 8 Charges Street, Piccadilly, im besten Teile der West-City, nahe dem Green-Park, in dem Palast der Frau Schwabe, der Schwiegermutter meines neapolitanischen Reisegefährten Dr. Binz, welche ich in Bonn kennen lernte. An Komfort fehlt es in keiner Beziehung.

1. November 1866.

Die 14 Tage meines Aufenthalts in London sind nun glücklich zu Ende und ich trete morgen (Freitag früh) die Seereise an. So interessant mir auch London in vielfacher Beziehung war, so bin ich doch froh, es verlassen zu können. Die unaufhörliche Hetzerei und das rastlose Gewühl des ungeheuren Menschenhaufens machen einen doch zuletzt recht mürbe, und ich freue mich, in den nächsten Tagen an Bord des Schiffes, im Gegensatz zu diesem tollen Treiben, volle Ruhe und Muße genießen zu können.

London hinterläßt mir einen höchst großartigen Eindruck. Alle Verhältnisse sind ungleich imposanter und in großartigerem Maßstabe angelegt als auf dem Kontinent. Doch ist das Leben keineswegs so angenehm als etwa in Paris oder in einer der größten deutschen Städte. Es fehlt die behagliche Ruhe zu vollständig, um irgendeinen Punkt Londons wirklich genießen zu können. So ist namentlich für eigentlichen Kunstgenuß hier gar keine passende Stätte, zumal die Sonne nur selten hell genug scheint, um Gemälde oder Statuen in der nötigen Beleuchtung zu sehen. Der dichte düstere Nebel, der beständig auf der Weltstadt lagert, läßt nur selten einen Sonnenblick durch. Auf dem Schiff und in der Quarantäne werde ich Euch ausführlich von London schreiben. Für heute nur noch einen herzlichen Abschiedsgruß von hier.

Freitag, den 2. November 1866.
An Bord der Maria Pia, Mittag 2 Uhr.

Wir liegen seit einer Stunde hier still vor Gravesend (am Ausfluß der Themse) und warten auf Abfertigung der Schiffspapiere. Ich benutze diese Zeit, um Euch noch einen Gruß aus diesem letzten Stückchen englischer Luft zukommen zu lassen. Die Schattenseiten Londons, welche sich in den letzten Tagen noch recht fühlbar machten, haben mir heute früh den Abschied von London sehr erleichtert. Ich bin froh, wieder einmal die See zu sehen und reine Luft zu atmen, was mir seit 14 Tagen nicht passiert ist. Die Atmosphäre Londons ist in der Tat entsetzlich, und die abschreckenden Schilderungen, welche ich davon gelesen hatte, sind nicht übertrieben. Selbst wenn rings um die Themsestadt und wohl auch in den Vorstädten die helle Sonne scheint, bleibt über der eigentlichen City ein dichter, düsterer Nebelschleier liegen, welcher keinen Sonnenstrahl in die engen und dunklen Straßen und Gassen hineinfallen läßt. Dieser Nebel ist ein sonderbares Gemisch von Wasserdämpfen, ungeheuren Rauchmassen und den zahllosen verschiedenartigen Evaporationen, welche die Schornsteine der Fabriken und Dampfmaschinen, die Burgen der drei Millionen Menschen und der mit ihnen zusammenwohnenden Tiere usw. aushauchen. Dem kontinentalen Nichtengländer, und besonders einem durch die reine Thüringer Bergluft verwöhnten Deutschen fällt das Atmen in diesen undurchdringlichen Dunst- und Rauchmassen äußerst schwer. An den schlimmsten Tagen fand selbst meine gesunde Lunge den schweren Druck unerträglich, und ich mußte mir, gleich allen Ankömmlingen in London, die Akklimatisation durch einen tüchtigen Katarrh erkaufen.

Am schlimmsten war der Nebel am letzten Samstag, wo bei hellem lichten Tage die Gaslaternen angezündet werden mußten, und wo man auf der einen Seite der Straße nicht die gegenüberliegenden Häuser erblicken konnte. Bei dem ungeheuren Gedränge und Gewirre in den engen Straßen sind zahlreiche Unglücksfälle während eines so dichten Rauchnebels unvermeidlich, und so fehlt es denn auch nicht an diesen Tagen an umgeworfenen Wagen, überfahrenen Menschen und Karambolagen aller Art. Als die Sonne zuerst wieder sichtbar wurde, erschien sie als eine matte, dunkelrote Scheibe ohne allen Glanz. Auch heute morgen war der Nebel so dicht, daß wir am Strande nicht das Schiff sehen konnten, welches wenige Schritte von demselben entfernt lag. Erst als wir uns aus dem Bereiche der City entfernten und als die ungeheuren Warenhäuser und Docks der östlichen Vorstädte Londons hinter uns lagen, wurde es heller und klarer, und wir begrüßten mit Freude das seit 14 Tagen entbehrte Sonnenlicht...

Die Themsefahrt heute morgen von London ab war höchst interessant. Einen Hafen von solchen Dimensionen gibt's allerdings in der ganzen Welt nicht wieder. In ganzen Reihen folgten hintereinander, auf beiden Uferseiten der Themse, die kolossalen Docks, aus denen ganze Wälder von Masten hervorragen. Jedes einzelne dieser Docks kann es schon mit einem tüchtigen Mittelmeerhafen aufnehmen; und nun diese Massen beisammen! Wie verschieden dagegen die Schiffsmassen von Marseille, Neapel, Messina, von Hamburg und Bremen. In London ist alles kolossaler und massenhafter als in allen anderen Häfen.

Die letzten Tage in London habe ich noch größtenteils mit dem Genuß des herrlichen Britischen Museums und des ausgezeichneten Zoologischen Gartens zugebracht, sowie mit Abschiedsbesuchen bei denjenigen englischen Naturforschern, mit denen ich am meisten verkehrt habe: Hurley, Lyell und Flower. Einen Tag habe ich auf den Besuch von Kew verwendet, dessen Botanischer Garten sehr großartig und reich, obwohl nicht in dem Grade von den übrigen ausgezeichnet ist, wie ich von der Schilderung erwartet hatte. Einen anderen Tag habe ich im Kristallpalast zu Sydenham zugebracht, eine höchst großartige und reiche Ausstellung der verschiedenartigsten Kunst= und Naturgegenstände. Besonders überraschend ist die sogenannte tropische Abteilung des riesigen Glaspalastes, welches einen äußerst geschmackvollen, mit herrlichen Tropenpflanzen, Palmen, Bananen, Baumfarren usw. geschmückten Saal darstellt, auf dem Boden ein Wasserbassin mit blühenden Lotospflanzen, an den Seiten ringsum sehr getreue Darstellungen interessanter orientalischer Baudenkmäler, assyrische, ägyptische, maurische Paläste und kolossale Statuen, den Löwenhof der Alhambra, einen ganzen ägyptischen Tempel, ein ganzes römisches Haus von Pompeji usw. Alles ist auf das zierlichste und geschmackvollste mit tropischen Schlingpflanzen dekoriert, die Wände außerdem mit zahllosen Merkwürdigkeiten geschmückt.

An den Kristallpalast schließt sich ein großer Park an, in welchem höchst interessante plastische Nachbildungen der kolossalen tertiären Säuge=

tiere und Drachen der Urwelt sich befinden: die riesigen Seeschlangen Ichthyosaurus, Plesiosaurus, Megalosaurus; Mastodon, Sivatherium, ferner die fliegende Eidechse (Pterodactylus) usw. Die kolossalen Bestien sind so lebendig modelliert und so passend in dem Gebüsch des schönen Parkes aufgestellt, daß man wirklich in einem Garten der Urwelt zu wandeln glaubt. Andere Teile des Sydenhamer Etablissements bilden eine permanente Kunst- und Industrie-Ausstellung. Das Ganze ist äußerst reichhaltig.

Einige Tage der letzten Woche habe ich auch auf den Besuch der Londoner Kunstsammlungen verwendet: die Gemäldesammlung (Nationalgalerie), in welcher sich viele treffliche altitalienische und altniederländische Bilder befinden, der berühmte Tower, früher Staatsgefängnis, jetzt Zeughaus und Antiquitätensammlung, ferner das Kensington-Museum, eine höchst originelle, bunt zusammengesetzte Sammlung von allen möglichen Merkwürdigkeiten, und mehreres andere. Zum eigentlichen Kunstgenuß ist London gar nicht geeignet, es fehlt die nötige Muße, Ruhe und Beleuchtung. Auch tritt überall der Mangel tieferen Kunstsinns bei den Engländern hervor. Überall macht sich die Richtung auf das unmittelbar praktisch Nützliche geltend; hierin sind sie auch ausgezeichnet. Ein intelligenter Mensch kann sich in den höchst instruktiv aufgestellten und angeordneten Sammlungen Englands, besonders den industriellen und künstlerischen Sammlungen, eine Masse der schönsten Kenntnisse durch die einfache Selbstbelehrung erwerben. Am meisten hat mich bei den wissenschaftlichen Anstalten Englands die rege Teilnahme interessiert, welche dieselben bei der reichen Kaufmannswelt, dem einflußreichsten Teil der englischen Bevölkerung, findet. Fast alle wissenschaftlichen Sammlungen und Institute, Schulen usw., auch der Zoologische Garten, werden nicht von der Regierung unterhalten, sondern von Privatgesellschaften, welche größtenteils aus reichen Kaufleuten bestehen. Die Mittel, welche auf diese Weise der Wissenschaft dienstbar gemacht werden, übersteigen alle deutschen Begriffe. Andererseits besitzt dagegen Deutschland in seinem Universitätswesen so große Vorzüge, daß es dadurch die materiellen Vorzüge der wissenschaftlichen Situation in England größtenteils wieder neutralisiert. Unbestritten steht das englische Universitätswesen weit hinter dem deutschen zurück, wie auch von den englischen Gelehrten selbst bereitwillig anerkannt wird. Auch der allgemeine Volksunterricht wird von dem deutschen bei weitem übertroffen.

2. Lissabon

Donnerstag, den 8. November 1866.

Meinen ersten Gruß aus dem Süden, liebe Freunde, erhaltet Ihr aus einer der wunderlichsten Situationen, die ich je erlebt habe. Denkt Euch einen mächtigen, hohen Felsen an den steilen Ufern der Tajo-Mündung, gerade gegenüber der stolzen Stadt Lissabon, welche in stundenlangen weißen Häuserreihen sich am Fuße dunkelbrauner Hügelketten längs des nördlichen Tajo=Ufers hinzieht. Auf diesem steilen, hohen Felsen, der das ganze herrliche Tajo=Tal beherrscht und die entzückendste Aussicht auf das glänzende Lissabon und seine ganz eigentümliche Umgebung gewährt, liegt das neue stattliche Quarantänegebäude, durch doppelte und drei= fache Mauern und Wachtpostenketten gegen die übrige Welt abgesperrt. Wir bewohnen einen Radius dieses achtstrahligen, medusengleich ge= bauten Sanitätsschlosses, dessen acht radiale Abteilungen völlig vonein= ander geschieden und sowohl gegeneinander als gegen die Außenwelt ohne alle Kommunikation sind. Mit meinem Reisegefährten Dr. Greeff aus Bonn sitze ich am Ende einer langen Tafel in einem höchst wunder= lich möblierten und verzierten Speisezimmer, in dem wir soeben unser erstes Mittagsmahl (6 Uhr abends) auf portugiesischer Erde eingenommen haben. Unsere Diener, welche höchst dienstbeflissen auf jede Äußerung unserer Wünsche lauschen, sind: 1. ein portugiesischer Sanitätsoffizier, welcher uns zugleich beaufsichtigt; 2. eine echt äthiopische Negerin, deren typischen Rassekopf ich bedaure nicht für unser Jenaisches Museum mit= nehmen zu können; 3. ein dunkelbrauner Mulatte mit äußerst häßlicher, affenartiger Gesichtsbildung. Unsere Tischgesellschaft ist sehr bunt aus Quarantäne=Gefangenen verschiedener Länder: England, Dänemark, Spanien, Türkei usw., zusammengesetzt. Wir beiden Deutschen nehmen die äußerste Tischecke ein; zu uns hat sich ein dritter Landsmann gesellt, ein Schleswig=Holsteiner aus der Königsau, ein Maschinenbauer, welcher in Madeira Heilung für seine Lungen sucht. Wir sind in sehr heiterer Stimmung, teils in dem sicheren Gefühle, nach einer sehr beschwerlichen Seefahrt wieder sicheren Boden unter den Füßen zu haben, teils infolge der Erinnerung an die sehr bunten und schnurrigen Erlebnisse des heutigen Tages. Hört zunächst von unserer Seefahrt.

Wir verließen London an dem düsteren Nebelmorgen des 2. Novem= ber, an einem echten Londoner Nebeltage; die Sonne ließ nur von Zeit zu Zeit als kleine mattrote Scheibe sich sehen. Um 9½ Uhr lichtete die Maria Pia, unser kleiner eiserner Schraubendampfer, die Anker und wir suchten uns durch das dichte Gewühl von Schiffen aller Nationen, welche unterhalb London=Bridge die Themse anfüllen, unseren schwierigen Weg. In Gravesend, der Polizeistation des Themsehafens, mußten wir von 2 Uhr nachmittags bis zum anderen Morgen liegenbleiben, da die Schiffspapiere nicht ganz in Ordnung waren. Die Fahrt längs des süd= östlichen Teils der englischen Küste, am Sonnabend, den 3. November, war sehr interessant. Wir fuhren zunächst längs der Küste hin, meist derselben sehr nahe. Die steilen Kreidefelsen von Margate und Ramsgate sowie späterhin von Dover, die stolzen Schlösser und festen Städte, welche dieselben krönten, die herrlichen, frischgrünen Wiesenmatten, welche zwi= schen ihnen sich ausdehnen, verliehen dieser Küstenlandschaft einen großen Reiz. Als es dunkel wurde, erblickten wir gegen Abend die letzten Leucht=

türme an der englischen Küste von Newhaven. Die Nacht war herrlich klar und sternhell, wie die vorhergehenden. Die beiden folgenden Tage brachten uns stürmisches Wetter, hochgehende See und nichts weniger als angenehme Situation auf unserem engen, kleinen Schiff. Zwar zeigte sich die Maria Pia als ein trefflicher Renner, welcher trotz des widrigsten Südwestwindes die Fahrt von London nach Lissabon in weniger als 5 Tagen zurücklegte. Allein sie war, wie alle guten Schnellfahrer, so schmal gebaut und so schlank, daß die hochgehenden Wogen sie unbarmherzig von einer Seite auf die andre warfen, und daß wir in unseren engen und schmalen Kabinen uns 2 Tage hindurch in der ungemütlichsten Situation befanden. Ich war schon vorher darauf gefaßt gewesen, daß ich diesmal meinen alten Stolz, nicht seekrank zu werden, verlieren würde. Die schwere und massive Londoner Kost, an die wir Deutschen, und besonders ein Thüringer Magen, sich nur schwer gewöhnen kann, hatten meinen Magen derart aufgeregt, daß ich mich schon in den letzten Tagen in London in halber Seekrankheit befand, zumal meine zoologischen Freunde sich wetteifernd anstrengten, ihn durch luxuriöse englische „Luncheons" und „Dinners" vollends zu ruinieren. So lernte ich denn am Sonntage, den 4. November, die schauerliche Situation der Seekrankheit gründlich kennen.

Die Maria Pia hatte eine sehr leichte Ladung (außer 30 Passagieren und ihrem Gepäck nur einige 50 Teekisten), so daß sie nicht genügenden Tiefgang erreichte und gänzlich flach von einer Seite auf die andere geworfen wurde. Hohe Wellen gingen über das ganze Verdeck. In der Kajüte rollte und rasselte alles durcheinander, was nicht angenagelt war. Ich selbst hatte die größte Mühe anzuwenden, um nicht auf meinen Kabinengefährten, der unter mir lag, herabgeworfen zu werden; dabei stieß die Schraube des Steamers so stark, daß das ganze Gehirn im Schädel hin und her geworfen zu werden schien; das beständige Heulen und Brüllen des Sturmes und der Wogen ließen uns fast keinen Augenblick zu Schlaf und Ruhe kommen. So vergingen zwei sehr miserable Tage und Nächte, in denen die zweite auch wohl nicht ohne beträchtliche Gefahr war, da der Sturm eine wirklich bedenkliche Höhe erreichte. Erst Dienstag, den 6. November, wurde das Meer wieder leidlich ruhig, und erst am folgenden Tage vermochten wir wieder unseren entleerten Mägen ein wenig Nahrung einzuflößen.

Die Verpflegung war übrigens auf unserem portugiesischen Steamer herzlich schlecht, wie überhaupt die innere Einrichtung dem leidlichen Äußeren keineswegs entsprach. Alles war sehr schmutzig, die Betten sehr hart, die Kabinen eng, das Essen durchaus unappetitlich. Alle Abende kehrten dieselben wenig ansprechenden Gerichte in derselben Zubereitung aufgewärmt wieder. Kurz, es war alles recht dazu eingerichtet, um seekrank zu werden. Auch wurde fast das ganze Passagierpersonal gründlich von diesem Übel mitgenommen.

Am Mittwoch, den 7. November, war das Meer schon am Morgen spiegelglatt, und als wir vor Sonnenaufgang schon das Verdeck betraten, empfing uns der mildeste Hauch der südeuropäischen Luft. Der Sonnenaufgang aus dem Meere war herrlich schön, wurde aber durch den prachtvollen Sonnenuntergang desselben Tages noch übertroffen. Die Fahrt war den ganzen Tag über sehr schön und entschädigte uns ganz für die Leiden der letzten Tage. Besonders erfreuten wir uns an dem Spiele einer großen Herde Delphine (Delphinus phocaena), welche unserem Schiff mehrere Stunden lang folgten und sich ein Vergnügen daraus zu machen schienen, mit uns um die Wette zu schwimmen. Es mochten einige dreißig oder zwanzig Tiere sein, welche in dem spiegelklaren Wasser herrlich zu sehen waren und uns durch ihre kühnen Sprünge und ihre gewandten Schwimmkünste das größte Vergnügen bereiteten. Später unterhielt uns ebenso das muntere Spiel der Möwenschwärme, welche das Schiff umkreisten.

Um 2 Uhr nachmittags kam das erste Land wieder in Sicht, nachdem wir fast volle 4 Tage hindurch nur Himmel und Meer gesehen hatten. Zunächst erschienen zwei Inseln an der portugiesischen Küste, zwischen Lissabon und Oporto, in äußerst malerischer Form, kühn und schroff aus dem Meere aufsteigend und im schönsten Purpurviolett glänzend. Je näher wir ihnen kamen, desto heller und schärfer traten die mächtigen Felsenwände mit ihren Seitenriffen aus dem Meere hervor. Bald folgte dann auch gegen Abend die Küste des portugiesischen Festlandes, an der wir noch in der Dämmerung mehrere weit hingestreckte weißglänzende Städte unterscheiden konnten. Nun folgte eine Reihe von Leuchtfeuern, bis wir endlich um 10 Uhr abends den Hafen von Lissabon erreicht hatten und in der Tajo=Mündung die Anker fallen ließen.

Heute morgen, Donnerstag, den 8. November, begann nun die äußerst lächerliche Quarantänekomödie, welche uns den ganzen Tag hindurch amüsiert und unterhalten hat. Schon am frühen Morgen erschien die Sanitätsbarke, aus welcher ein echter Hakim sich erhob und mit höchst gravitätischer Miene die Schiffspapiere forderte, welche er mittels einer Gabel in Empfang nahm und sorgfältig durchräucherte, ehe er sie las. Dann wurden uns, da wir aus einem infizierten Hafen kamen, 5 Tage Quarantäne diktiert, welche wir in dem Lazarett zubringen mußten. Vorn am Schiffe wurde die gelbe Pestflagge aufgehißt und somit aller Verkehr mit dem Schiff untersagt. Eine besonders durchräucherte Barke setzte uns dann an die Südküste des Tajo, wo sich das Lazarett oder das neue Quarantänegebäude auf schroffem Felsen erhebt.

Es ist das schönstgelegene Lazarett, das man sich denken kann, mit der prachtvollsten Aussicht auf den Tajo und die gegenüberliegende Hauptstadt, deren herrlicher Anblick uns heute den ganzen Tag gefesselt hat. Zwar sind die Hügelreihen und die höheren Bergketten, welche sich über den weißen Häuser= und Palastreihen der Residenzstadt erheben, sehr kahl und jetzt sehr verbrannt; doch heben sich die glänzenden weißen Häuser, aus denen mehrere Paläste, Domkuppeln und alte Kastelle hoch hervorragen, prächtig auf dem dunklen Hintergrunde, den roten und braunen Bergen, ab, und der Hintergrund von schön geformten höheren Bergen, der Vordergrund der dunkelblauen, seegleichen Flußmündung, mit ihren Massen von Dampfern, Barken und Segelschiffen aller Art, gestalten das ganze Bild äußerst anmutig.

Wie soll ich Euch aber alle die Komödien erzählen, die man heute hier mit uns Choleraverdächtigen vorgenommen hat. Wenigstens ein dutzendmal durchräuchert, besprengt, mit drei Kreuzen bezeichnet und gesegnet, sind wir aus einer Abteilung der Quarantäneanstalt in die andere transportiert worden. Der ganze Prozeß war höchst amüsant. Das komischste war heute abend die Eröffnung des Gepäcks, über welchem eine Masse von Seilen ausgespannt wurde, um daran Desinfektionspapiere aufzuhängen! Jeder „reine" Uffiziale des Lazaretts weicht vor uns wie vor der leibhaften Pest zurück und schreit laut auf, sobald wir uns ihm nähern wollen.

Heute abend mußte die ganze Schiffsgesellschaft einen offiziellen Spaziergang an die Seeküste oder vielmehr das Hafenufer des Tajo vornehmen. Hierbei wurde ich ganz unvermutet durch eines der herrlichsten Schauspiele überrascht. In einem kleinen Eckchen des Tajo-Hafens, der übrigens noch ganz Meerbusen ist, tummelten sich einige zwanzig der herrlichsten und größten Medusen, ein prachtvolles Rhizostoma mit milchweißer Glocke und 2—3 Fuß langen Armen, in den allerzierlichsten Bewegungen umher.

Montag, den 12. November 1866.

Wider meinen Wunsch und Willen erhaltet Ihr diesen Brief, den ich schon vor 4 Tagen auf die Post gegeben habe, nun fast eine Woche später, da unser Quarantäne-Offizier mir ihn eben wieder mit der Eröffnung zurückbringt, daß er erst nach Vollendung der Quarantäne-Gefangenschaft abgeschickt werden darf. Ich benutze nun diese unwillkommene Verzögerung, um noch ein Blatt hinzuzufügen. Unser Briefwechsel wird jetzt ohnehin sehr spärlich werden, da nur alle Monate ein Schiff von hier nach den Kanarischen Inseln fährt. Auch wundert Euch nicht, wenn einmal ein paar Monate gar keine Nachricht kommt, da die Post, gleich allen übrigen Kultureinrichtungen, noch auf der tiefsten Stufe steht. Was wir bisher in den 4 Tagen auf portugiesischem Boden in dieser Beziehung erfahren haben, übertrifft bei weitem selbst meine sizilianischen Erfahrungen. Aberglaube und Unwissenheit scheinen noch allgemein in einem Maße zu herrschen, welches man in Europa kaum noch für möglich halten sollte. Nichts zeigt dies deutlicher als die vollkommen verrückte und sinnlose Art und Weise, in welcher unsere Quarantänezucht gehandhabt wird, und welche fast noch mehr komisch als ärgerlich ist. Alle unsere Sachen haben wir nachträglich noch aus den Koffern und Säcken auspacken und in einem großen Raum aufhängen und aufstellen müssen, in welchem sie seit nunmehr 4 Tagen der intensivsten Chlorräucherung ausgesetzt werden. Wir selbst sind auf alle mögliche Weise beräuchert, besprengt, bekreuzigt und wie von bösen Geistern Besessene mit Exorzismus behandelt worden.

Im übrigen ist die fünftägige Gefangenschaft in dem Lazarett, welche heute zu Ende geht, weit erträglicher ausgefallen, als wir vorher gedacht hatten. Das Gebäude ist sehr reinlich gehalten, die Kost ganz erträglich; Raum steht im Überfluß zu unserer Verfügung, da wir einen ganzen Flügel des Lazaretts für uns allein bewohnen. Die Aussicht aus den Fenstern ist prachtvoll. Ferner dürfen wir frei in einem kleinen Hof umhergehen, welcher die herrlichste Aussicht über das ganze Tajo-Tal hat. Das köstliche Frühlingswetter, welches wir seit unserer Ankunft in Lissabon genießen, gießt den ganzen Reiz des europäischen Südens über die entzückend schöne Landschaft aus, welche unseren Blick täglich stundenlang fesselt.

Die Lage von Lissabon ist ganz eigentümlich und läßt sich mit keiner anderen mir bekannten Hafenstadt vergleichen. Das ganz Charakteristische ist die außerordentlich langgestreckte Ausdehnung der Stadt am Fuße der braunen Hügelreihen bei nur sehr geringer Breite; ferner die eigentümliche Umgrenzung des Tajo-Beckens, welches die Flußmündung zu einem großen Landsee macht. Um diesen herrlichen Anblick recht zu würdigen, hätten wir keinen schöneren Aussichtspunkt finden können als unser Lazarett, welches auf seinem hohen Felsen das wahre Belvedere von Lissabon bildet. Es ist in der Tat prachtvoll. Fast den ganzen Tag unseres fünftägigen Quarantänelebens fesselte uns das wechselnde bunte Farbenspiel dieses glänzenden südlichen Landschaftsbildes. Auch nachts ist es ganz herrlich, wenn die Laternen der Stadt an den Hügelketten ihre glänzenden Lichter verteilt zeigen und im Tajo widerspiegeln. Der wolkenlose Nachthimmel funkelt in einem Sternenglanze, von welchem unser Norden keine Ahnung hat.

Auch an sonstiger Unterhaltung hat es uns nicht gefehlt. Fast volle 3 Tage hat mich die Untersuchung einer prachtvollen großen Meduse beschäftigt, welche ich gleich beim ersten Besuch der Räucherungsanstalt am Fuße des Lazaretts in einem kleinen Winkel der Tajo-Bucht entdeckte. Es glückte mir durch Bestechung unseres Quarantäne-Inspektors die Erlaubnis zu erlangen, eines von diesen herrlichen Tieren in einem Eimer mit hinaufnehmen zu dürfen. Schon die erste flüchtige Betrachtung zeigte mir, daß ich es mit einer sehr eigentümlichen Art von Rhizostoma, und zwar mit einer ganz neuen, noch nicht beschriebenen Spezies zu tun hatte. Der Körper hat die Form und Farbe einer großen, fast kugeligen Lampenglocke von Milchglas, aber mit einem sehr zierlichen gelben Kreuz geziert. Die ganze Oberfläche ist von einem sehr eigentümlichen runzeligen Faltenwerk überzogen, welches bei keiner anderen Meduse bekannt ist, und wonach ich die herrliche Meduse gestern Rhizostoma rugosum getauft habe. Auch die Bildung des Randsaums ist sehr eigentümlich. Unten aus der Mitte der Glocke hängen acht mächtige Arme von 2—3 Fuß Länge herab. Daß diese schöne und sehr auffallende Medusenform noch gar nicht beschrieben ist, zeigt, daß in Lissabon wohl noch gar keine Untersuchungen über die pelagische Fauna des Tajo angestellt sind. Denn keine andere Tierform der Flußmündung ist so auffallend. Sie erscheint an der Oberfläche in dichten Massen, welche uns selbst von dem 200 Fuß hohen Felsen unseres Gefängnisses aus ergötzten, und ist offenbar sehr gemein, die Lisboenser nennen sie „Aferrecos". Die Bewegungen dieses Rhizostoma sind äußerst zierliche. Was mich aber am meisten interessiert, ist, daß diese Meduse mehr als irgendeine andere Art dem von mir beschriebenen fossilen „Rhizostomites admirandus" aus dem Jura gleicht, so sehr, daß beide Spezies nächstverwandt sein müssen. Auch ist die Konsistenz des Schirmes außerordentlich fest, fast knorpelartig. Obgleich das Wasser in dem Tajo-Becken zwischen Stadt und Lazarett gewiß viel weniger salzreich als der Atlantische Ozean und schon bedeutend brackisch ist, scheint die Meduse sich in demselben doch sehr wohl zu fühlen.

Außerdem fanden wir noch an den Mauern und Treppen des Landungsplatzes zahlreiche Patellen, eine sehr auffallend abgerundete Mytilus-Form, ferner viele Fucoideen (Fucus vesiculosus, Ulva Lactuca usw.) mit dem darinsitzenden Gesindel von Würmern. So hat es keinen Augenblick an Beschäftigung gefehlt. Aber so angenehm es hier auch war, freuen wir uns doch herzlich, morgen die Freiheit wiederzuerhalten.

Dienstag, den 13. November, wurden wir aus dem Lazarett in Lissabon nach fünftägiger Quarantänehaft entlassen. Die Formalitäten bei diesem feierlichen Akt waren ebenso umständlich und sinnlos wie die während der ganzen Zeit beobachteten. Außerdem herrschte in bezug auf Douane und Transport nach der Stadt die größte Unordnung, so daß fast der ganze Tag darüber verloren ging. Morgens um 10 Uhr erhielten wir unsere Gesundheitspässe, und nachmittags 4 Uhr waren wir erst an Bord des Dampfschiffes, zu welchem wir mit unserem ganzen Gepäck unmittelbar aus dem Lazarett hinzogen. Die Barkenfahrt dorthin, den Tajo stromaufwärts, dauerte fast 1 Stunde und war außerordentlich schön. Nun sahen wir erst, daß der westliche Teil der Stadt, mit dem königlichen Schloß, Belem, weit von dem östlichen Teile getrennt liegt, welcher sich, Neapel in vieler Beziehung ähnlich, terrassenförmig an hohen Hügelreihen hinaufzieht. Die Hauptmasse bildet ein halbrundes Amphitheater. Oberhalb der Stadt erweitert sich der Tajo zu einem mächtigen Landsee.

Nachdem wir unser Gepäck an Bord der Lusitania untergebracht, fuhren wir nach dem östlichen Hauptteil der Stadt hinüber, wo wir in dem großen Zentralhotel ein Zimmer mit prächtiger Aussicht auf den Hafen erhielten. Die beiden noch übrigen Tagesstunden benutzten wir, um mit Fol und Miklucho, die wir zufällig sogleich auf der Straße trafen, uns alles in der Hauptstraße anzusehen. Bauart der Straßen, Einrichtung der Häuser, Volksleben auf der Straße erinnert sehr an Neapel. Nur sahen wir hier viel mehr Exotisches, zahlreiche Neger und westindische Mulatten, besonders unter den Lastträgern und Schiffern. Sehr charakteristisch für Lissabon sind zweirädrige Ochsenkarren, den antiken römischen sehr ähnlich; die beiden Ochsen durch ein Joch verbunden, starke, kräftige Tiere.

Abends besuchten wir die Oper, für welche uns Billette durch Fol und Miklucho oktroyiert waren. Da wir sehr müde waren, langweilte uns das dürre Vergnügen sehr, zumal es von 8—12 dauerte. Als wir aber aus dem Opernhaus (in welchem wir auch den König sahen) hinaus traten, war uns ein Schauspiel ganz andrer Art bereitet, welches uns in das größte Erstaunen und Entzücken versetzte. An dem wundervollen klaren Himmel, an welchem die Sterne in wirklich feurigem Glanze funkelten, jagten sich zahlreiche Meteore, alle in der Richtung von Norden nach Süden streichend. Es waren die bekannten Sternschnuppenschwärme des 13. und 14. November, welche hier am südlichen Himmel bei der klarsten Atmosphäre in einer den Nordländern unbekannten Herrlichkeit sich zeigten. Mit unseren gewöhnlichen Sternschnuppen nicht zu vergleichen, hinterließen die meisten dieser Feuerkugeln bei ihrem Verschwinden einen langen, feurigen Streifen, der ihre Bahn bezeichnete und der bei den größten, einem Kometenschweif ähnlich, mehrere Minuten lang sichtbar blieb. Die größten Meteore glichen Feuerkugeln mit farbigem Licht (rot, blau, grün), welche gleich den Feuerkugeln der künstlichen Feuerwerke strahlten. Das herrliche Schauspiel hielt uns noch ein paar Stunden wach. Wir wanderten am Hafen hin, in dessen dicht gedrängten Schiffsmassen bei ganz unbewegtem Wasser die lautloseste Stille herrschte, im grellen Kontrast zu dem Lärmen und Tosen des Tages. Erst um 2 Uhr kamen wir zu Bett.

Mittwoch, der 14. November, der einzige freie Tag in Lissabon, wurde zu einer Exkursion nach Cintra benutzt, dem maurischen Schloß, welches uns von der Höhe gegenüber dem Lazarett immer so verlockend angesehen hatte. Morgens 7 Uhr fuhren wir vier zusammen in einem offenen Wagen aus Lissabon fort. Der Weg führt zunächst noch lange durch Vorstädte von Lissabon hin, dann durch ein hügeliges, gut kultiviertes Terrain, dessen Stoppelfelder jetzt aber sehr öde aussehen. Auf den Hügeln zahlreiche weiße Windmühlen. In den Tälern Wasserleitungen, den römischen ähnlich, viele Kaktus- und Agave-Hecken, gleich denen von Sizilien. Um 11 Uhr waren wir in dem Dorfe Cintra, am Fuße der schönen, langgestreckten Hügelkette gelegen, auf dessen östlicher Abdachung sich das Schloß erhebt. Nachdem wir gefrühstückt, stiegen wir durch einen herr-

lichen Garten, dessen üppige südliche Vegetation uns in lebhaftes Ent=
zücken versetzte, zu einem alten maurischen Kastell empor, von dessen
Zinnen man einen sehr schönen Blick auf das Schloß genießt. Prachtvolle
große Wacholderbäume, Arbutus, Lorbeer, mehrere Pinus-Arten, ein=
zelne Palmen, dazwischen blühende südeuropäische Lippenblumen und
Kreuzblumen riefen mir lebhaft Siziliens Reize ins Gedächtnis.

Nach einer Stunde Wanderns am Bergeshang traten wir in den könig=
lichen Garten, welcher das Schloß unmittelbar umgibt; ein schön an=
gelegter Park mit kleinen Wasserbecken, schönen Baumgruppen, Garten=
häusern, Springbrunnen, Wasserbassins mit Farnkraut usw. Von hier
traten wir in das Schloß selbst, welches sehr stolz und kühn malerisch auf
einem jäh abstürzenden Felsen liegt. Der größte Teil des Schlosses ist
ein rein maurischer Bau mit der zierlichen Architektur, welche mir von
Amalfi und Palermo her so wohl bekannt erschien. Vom Schloß aus
stiegen wir auf eine südlich davon gelegene Höhe, welche die schönste von
allen den Aussichten liefert, die das Schloß und seine Umgebung dar=
bieten. Dann gingen wir auf der nördlichen Seite herab und auf Um=
wegen nach dem Dorf Cintra zurück. Um 5 Uhr fuhren wir wieder ab
und waren um 9 Uhr abends wieder in Lissabon.

3. Nach den Kanarischen Inseln

Donnerstag, den 15. November, schifften wir uns morgens 9 Uhr bei
schönstem Wetter auf der Lusitania ein, dem kleinen, schnellen Rad=
dampfer, welcher uns in 2 Tagen nach Madeira überführte. Das Schiff
war mit Passagieren überfüllt, da alle Brustkranke, welche sonst über
Liverpool und andere Häfen nach Madeira gehen, jetzt der Quarantäne
halber über Lissabon gehen mußten. Unter den Passagieren waren einige
dreißig Deutsche, darunter einige aus Hamburg, Frankfurt, Berlin usw.
Da bei weitem nicht ausreichend Betten vorhanden waren, mußten viele
in der gemeinsamen Kajüte schlafen, in welcher auch gegessen wurde.
Noch andere mußten auf dem Verdeck bleiben. Glücklicherweise blieb
das Wetter sehr schön, sodaß wir fast den ganzen Tag und nachts bis
2 Uhr auf dem Verdeck lagen. Greeff und ich, als von London kommende
Passagiere, hatten den Vorzug, eine besondere Kabine zu bekommen,
die jedoch so eng und heiß war, daß wir nur eine Stunde darin blieben.

Die ganze Fahrt glich einer Spazierfahrt bei herrlichstem Wetter;
besonders waren die sternklaren Nächte ganz prachtvoll, der Mond so
hell, daß man ganz deutlich Selbstgeschriebenes dabei lesen konnte. Das
Meer wurde nun schon so tief dunkelblau, wie ich es nur im südlichen
Teile des Mittelmeeres gesehen hatte.

Freitag, den 16. November, war das Meer von solchen Massen von
schönen blauen Segelquallen bedeckt, daß wir 6—8 Stunden lang durch

dichte Schwärme fuhren, und daß gewiß Milliarden davon unser Schiff streiften. Außerdem sahen wir ungefähr ein Dutzend große Seeschildkröten an der Oberfläche schwimmen.

Sonnabend, den 17. November, kam morgens die Insel Porto Santo in Sicht, ein sehr malerisch geformtes, vulkanisches Eiland nördlich von Madeira gelegen. Wir fuhren ganz nahe an der östlichen Küste desselben hin, sodaß wir seine grotesken Felsen und die einsam dazwischen eingeklemmte Stadt recht gut betrachten konnten.

Hinter Porto Santo zeigten sich östlich die Desertas, drei kleine Felseninseln westlich von Madeira gelegen, und nun erschienen die schönen, hohen Bergkämme der Insel Madeira selbst, der Gipfel in Wolken gehüllt. Unser Schiff fuhr längs der östlichen Küste hin um das Kap Lorenzo herum nach der Südseite, deren hellgrüne Zuckerrohrfelder sich prächtig von dem dunklen Rotbraun der vulkanischen Felsen abhoben. Um 3 Uhr nachmittags ließ die Lusitania auf der Reede von Funchal die Anker fallen, und um 4 Uhr betraten wir das Land von Madeira.

In dem ersten englischen Hotel (Holloway), in welchem wir für die ersten Tage vorläufiges Quartier nehmen wollten, ließ der Wirt uns eine halbe Stunde auf die Zimmer warten, sodaß wir in ein bescheidenes, daneben gelegenes italienisches Gasthaus (Giulietti) gingen, in welchem wir recht gut aufgehoben waren und gerade dreimal billiger wohnten.

Den Rest des Tages verbrachten wir mit dem Besuch einiger Gärten und mit einem Spaziergang am Strande, auf welchem wir zufällig auf zwei preußische Matrosen stießen. Diese berichteten uns, daß von den beiden auf der Reede liegenden Kriegsschiffen das eine die preußische Fregatte „Niobe" sei, welche von hier nach Teneriffa gehe. Gleich darauf begegneten wir dem Stabsarzt der Fregatte, Dr. Zscheschke, welcher uns freundlichst einlud, ihn morgen an Bord zu besuchen.

Als wir in unser Hotel zurückkamen, erfuhren wir, was uns schon unterwegs versichert worden war, daß wegen der Quarantäne jetzt gar keine direkte Verbindung zwischen Madeira und Teneriffa existiere. (Sonst wird diese durch englische Schiffe der Westafrika-Kompanie vermittelt.) Wenn wir überhaupt noch die Kanaren besuchen wollten, so mußten wir die erste beste Gelegenheit benutzen, und da für unseren zoologischen Zweck Madeira viel weniger bietet als die Kanaren, so stieg alsbald der Gedanke auf, ob wir vielleicht mit der Niobe diese Fahrt machen könnten. Unser erster Gang am Sonntag, den 18. November, galt daher der Erkundigung zu diesem Zweck. Um 10 Uhr fuhren wir im Boot zu der Niobe hinüber, wo wir vom Stabsarzt und von den Schiffsoffizieren auf das freundlichste aufgenommen wurden. Der Kapitän Batsch, ein geborener Weimaraner, bewilligte sofort mit der größten Freundlichkeit unsere Bitte, und so war denn unser Schicksal rasch entschieden.

Den Nachmittag benutzten wir, um in Gesellschaft des Dr. Zscheschke einen Ausflug nach dem 2 Stunden entfernten Cama di Lobos zu machen, einem Fischerdorfe, welches reizend zwischen zwei Lavaströmen eingeschlossen liegt. Der Weg führt längs der Küste hin und gewährt prachtvolle und sehr malerische Blicke in die tiefen und schroffen Felsschluchten, welche die Seiten der Insel durchfurchen. Dazu herrliche Vegetationsansichten in den Gärten und Feldern, welche die Wege säumen. Der rasche Abschied von der schönen Insel, auf deren seltene Naturschönheiten wir schon so lüstern geworden waren, wurde uns doppelt schwer.

Villa Orotava, den 27. November 1866.

Obgleich ich seit 14 Tagen nicht zum Schreiben gekommen bin und ich Euch viel, viel von den bunten Erlebnissen dieser beiden letzten Wochen zu berichten hätte, will ich Euch heute doch nur von dem gestrigen Tage erzählen, welcher mir meinen ältesten und liebsten Reisetraum zur Erfüllung gebracht, nämlich die Ersteigung des Pik von Teneriffa. Seitdem ich zum ersten Male aus Humboldts Schilderungen Teneriffa kennen gelernt, hatten sich mir die beiden Weltwunder dieser merkwürdigen Insel, der uralte Drachenbaum und der merkwürdige Pik, so fest in meine wanderlustige Phantasie eingeprägt, daß sie unter den außerordentlichen Naturschönheiten, welche Ziel meiner Reisepläne waren, in erster Linie standen. Beide habe ich nun wirklich gesehen, was mich auf das höchste befriedigt hat. Den Pik hatten wir zwar auf dieser Reise beständig im Sinn gehabt, glaubten jedoch bei der weit vorgerückten Jahreszeit auf seine Besteigung verzichten zu müssen. Um so größer ist heut meine stolze Freude, trotz aller Schwierigkeiten dennoch die Spitze erklommen zu haben.

Nachdem uns die preußische Fregatte Niobe, welche uns in 3 Tagen von Madeira nach Teneriffa geführt, am Donnerstag, den 22. November, um 12 Uhr mittags in Santa Cruz, der Hauptstadt Teneriffas, ans Land gesetzt hatte, waren unsere ersten Erkundigungen nach der Besteigung des Pik gerichtet. Die Antwort lautete sehr ungünstig. Ungewöhnlich viel Schnee war bereits frühzeitig in diesem Jahr gefallen, wie wir denn schon beim ersten Anblick des Pik vom Meere aus mit Schmerzen die weiße Schneekappe bemerkt hatten, die seinen Gipfel bis tief über die breite Schulter herab verdeckte. Dennoch beschlossen wir, möglichst bald nach Orotava zu gehen, an die Südseite der Insel, wo wir nähere Erkundigungen einziehen konnten. Wir blieben daher in Santa Cruz nur einen Tag und fuhren am Samstag, den 24. November, auf der schönen neuen Kunststraße in 6 Stunden nach Villa Orotava.

Morgens war das Wetter sehr schön. Um Mittag jedoch erhob sich ein orkanartiger Südsturm, welcher uns den Genuß der herrlichen Nordküste, längs welcher wir von Santal bis Orotava fuhren, sehr verleidete. Dichte Staubwolken verhüllten 2 Stunden lang die schroffe, gewaltige Bergkette, welche den Fuß des Pik umgab, und nötigte uns, die Augen zu schließen; nur dann und wann konnten wir einen Blick auf die prachtvolle Küstenlandschaft mit ihren Wein= und Kaktusfeldern, ihren Lorbeer=, und Pinienwäldern werfen und über die zahlreichen Palmen und die höchst seltenen Drachenbäume staunen, welche überall in den Tälern, besonders in der Nähe der einzeln gelegenen weißen Hütten zerstreut standen.

Unser erster Gang in Orotava, wo wir in dem einzigen Hotel ziemlich dürftige Aufnahme fanden, war zu dem ersten Pikführer, welcher unsere tiefgesunkene Hoffnung fast vernichtete, indem er erklärte, daß die auf dem Pik liegenden Schneemassen die Besteigung zwar nicht unmöglich, doch so gefährlich machten, daß er die Führung nicht übernehmen könne. Sehr niedergeschlagen brachten wir den Abend in unserer Fonda zu und faßten den Entschluß, auf alle Fälle zu versuchen, so hoch wie möglich am Pik hinaufzukommen.

Die ganze Nacht hindurch wütete der heiße, trockene Südwind mit außerordentlicher Heftigkeit, sodaß wir von dem Geklapper der Fenster=läden und Jalousien und der schlecht geschlossenen Türen kaum schlafen konnten. Dieser Südsturm war aber unser Glück, denn er schmolz in den 18 Stunden, in denen er anhielt, solche Schneemassen, daß nur hierdurch die Pikbesteigung möglich wurde.

Als wir am Sonntag, den 25. November, aufstanden, sahen wir zu unserer großen Freude einen sehr großen Teil des Schnees, der noch am letzten Abend die Spitze und den mittleren Teil des Pik bedeckt hatte, verschwunden und den letzten Teil fast ganz schneefrei. Sofort wurde die Vorbereitung zur Besteigung getroffen, obgleich der Führer immer noch die Möglichkeit bezweifelte.

Der Sonntag verging mit dem Besuch einiger schöner Gärten, unter denen derjenige des Marquis de Santal die erste Stelle einnahm. Er enthält die größte Palme der Insel, deren prachtvolle Krone sich auf einem tadellosen, 90 Fuß hohen Stamm wiegt. Seine größte Merk=würdigkeit aber ist der weltberühmte Drachenbaum, vielleicht dasjenige Pflanzenindividuum, über welches am meisten geschrieben und gesprochen worden ist. Da Ihr ihn aus Humboldts Darstellung kennt, beschränke ich mich auf die Bemerkung, daß diese vollkommen der Wirklichkeit entspricht, nur daß leider seit Humboldts Zeit ein sehr großer Teil der Krone durch Stürme zerstört ist und der uralte Baumriese nur noch eine kolossale Ruine darstellt.

Am Sonntag nachmittag gingen wir nach der eine Stunde von der Stadt entfernten Hafenstadt Puerto Orotava hinab, wo wir in der brennenden Sonnenglut, die im Schatten über 24° R beträgt, ein herr=lich erquickendes Seebad nahmen, das erste in den atlantisch=afrikanischen Gewässern. Auch das feine Netz wurde ausgeworfen und lieferte uns eine schöne Radiolarien=Kolonie (Sphaerozoum) und ein paar zierliche Medusen (Trachynema). Um 5 Uhr wurde das Mittagessen eingenom=men, und um 6 Uhr legten wir uns zu Bett, um uns noch einige Stunden Ruhe vor der Anstrengung des folgenden Tages zu gönnen.

Diese war allerdings außerordentlich. Gewöhnlich wird die Tour, welche an sich schon sehr strapaziös ist, in 2 Tagen gemacht. Den ersten Tag wird hinaufgeritten und in der Estanzia dos Ingleses, einem von Felsen geschützten Platze am Fuße des eigentlichen Pik-Kegels, übernachtet. Da dies aber jetzt ganz untunlich war und die schneebedeckte Estanzia unmöglich unser Nachtquartier sein konnte, mußten wir die ganze Tour hin und zurück (bis über 13000 Fuß Höhe hinauf) in einem einzigen Tag machen. So mußten wir denn bereits um 11 Uhr nachts unser Bett, in welchem uns die Erwartung auf das Wagnis unserer Wanderung nur wenig Schlaf gönnte, verlassen und unser Gepäck rüsten. Um Mitternacht bestiegen wir, durch einen Kaffeetrunk ermuntert und gestärkt, unsere Maultiere, doch dauerte es noch eine halbe Stunde, ehe die ganze Karawane marschfertig war, da die Führer unter lauten Verwünschungen dies und jenes holen mußten, was sie vergessen hatten, und da zwei Pferde sich um eine halbe Stunde verspäteten. Erst um 12½ Uhr setzte sich die Kavalkade in Bewegung. Sie bestand aus folgenden Personen: 1. Der Hauptführer Don Emanuel Reis, der erfahrenste der Pikführer, der schon über 50 Aszensionen gemacht hatte, auf einem kräftigen schwarzen Maultier. 2. Der sogenannte Chef der kanarisch-pelagischen Zoologen-Expedition, meine Person nämlich, auf einem ausgezeichnet starken und guten dunkelbraunen Maultier. 3. Hinter mir Fol auf einem sehr zierlichen weißen Maultier, sehr malerisch ausstaffiert. 4. Miklucho, ganz in Weiß gekleidet, auf einem schwarzen Bergpferd. 5. Dr. Greeff auf einem miserablen, alten braunen Bergpferde, welches ihn durch seinen schlechten Gang und seine Widerspenstigkeit so ärgerte, daß er es auf halbem Wege mit einem sehr schlecht gesattelten Führerpferde vertauschte. Dann folgte 6. Hermann Wildpret, der Obergärtner des Botanischen Gartens in Puerto Orotava, ein deutscher Schweizer aus Aargau, welchen uns ein glücklicher Zufall am ersten Tage in Santa Cruz in die Hände führte. Er ist seit 7 Jahren hier, ein sehr kenntnisreicher und gefälliger Mann, welcher uns durch seine Kenntnisse der örtlichen Verhältnisse und der spanischen Sprache von größtem Nutzen war. Er hat bereits viermal den Pik bestiegen. Wir baten ihn, unser Gast und Gefährte auf dieser Expedition zu sein, an der er selbst das regste Interesse hatte. Nun folgten zwei Maultiere, welche mit warmen Decken und mit reichlichen Quantitäten von Speise und Trank versehen waren, da schon eine halbe Stunde oberhalb Orotavas das letzte Dorf ist und weiterhin von einer menschlichen Wohnung nichts mehr anzutreffen ist. Den Beschluß des langen Zuges machten die vier Führer, welche auch zeitweise zwischen den anderen und an der Spitze marschierten. Da der gangbare Pfad, welcher übrigens auf der ganzen Strecke überaus steinig und beschwerlich ist, nur 1—2 Fuß Breite besitzt, so mußten alle in einer Linie hintereinander reiten. Auf der ganzen nächtlichen Tour leuchtete uns der Mond mit einer Klarheit und einem Glanze, den unsere Breiten nicht kennen.

Die Luft war auf der ganzen ersten Hälfte sehr angenehm kühl, wurde aber oben empfindlich kalt.

Der Weg führte zunächst etwa eine starke Stunde durch gut angebautes Land. Dann folgten 2—3 Stunden dichter immergrüner Laubwald, größtenteils von baumartigem Heidekraut, Erica arborea, gebildet, neben welchem außerdem der kanarische Lorbeer und besonders der falsche Lorbeer, Myrica faya s. Faya fragifera, eine große Rolle spielen. Oberhalb dieses Gürtels folgt eine breite Zone, in welcher fast nur ein seltsamer, fast graugrüner, halbkugeliger Schmetterlingsblütenstrauch, Adenocarpus frankonioides, den Bimsstein zwischen Lavablöcken bedeckt. Endlich gesellt sich ganz oben zu diesem die „Retama blanca" (Cytisus nubigenus), der merkwürdige Ginsterstrauch, welcher schließlich ganz allein einen breiten Vegetationsgürtel um den Pik bildet.

Um 6 Uhr morgens machten wir eine halbstündige Rast an der Estanzia di cera, eine gut geschützte, zwischen Lavablöcken versteckte Stelle, an welcher bald ein lustiges Feuer, von Ginsterbüschen genährt, unsere erstarrten Glieder erwärmte. Um 6½ Uhr gings weiter, über ein ungeheures vulkanisches Plateau 2 Stunden langsam ansteigend, welches ganz mit Bimssteinen und roten oder rotgelben Lavablöcken bedeckt war. Östlich erschien ein prachtvolles kolossales Felsen-Amphitheater, gegenüber dem kolossalen schwarzen Pik-Kegel, dessen schwarze, glatte Wände von weißen Schneestrahlen zierlich bemalt schien. Nun noch eine halbe Stunde sehr steilen Steigens, und wir waren in der Estanzia dos Ingleses, dem geschützten Halteplatz, bis zu welchem die Maultiere allein aufsteigen können.

Nach einstündiger Rast und nachdem wir ein kaltes Frühstück eingenommen, brachen wir um 10 Uhr aus der Estanzia dos Ingleses auf. Es begann die Besteigung des Kegels, welche äußerst beschwerlich und mühselig war. Alle Lavablöcke waren mit Eis und Schnee überzogen, sodaß das ohnehin sehr schlimme Hinanklettern wirklich gefährlich wurde. Die Anstrengung in der scharfen, dünnen Luft war so arg, daß wir alle schon nach einer Stunde unwohl wurden. Heftige Kopfschmerzen, Kongestionen, Brustbeklemmung stellten sich ein; das Atemholen war sehr erschwert. Einer nach dem anderen wurde so schwach, daß er tiefer oder höher liegen blieb. Nur drei von der ganzen Gesellschaft erreichten den Rand des steilen, abgestutzten Kegels, auf welchem sich isoliert der letzte und höchste Aschenkegel erhebt. Der erste Führer, ich und Herr Wildpret waren diese drei einzigen. Alle anderen hatten sich nach der Estanzia Inglese zurückgeschleppt.

Nun begann aber der schwierigste und gefährlichste Teil der ganzen Arbeit, die Ersteigung des Piton, des höchsten, sehr steilen und glatten Kegelgipfels. Dieser 700 Fuß hohe Trichter hat ganz glatte Wände, aus lockerer Asche und Bimsstein bestehend, in welche zahlreiche einzelne Lavablöcke eingestreut sind. Der ganze Kegel war mit einer zusammenhängenden Eiskruste von ungefähr 1 m Dicke überzogen, unter welcher der Schnee weggeschmolzen war. Jeder Tritt mußte einzeln mit einem Hammer ausgehauen werden. Der Führer erklärte unter diesen Umständen die Ersteigung des Gipfels für unmöglich. Ich erklärte dagegen, daß ich auf alle Fälle die Höhe zu forcieren versuchen würde und erst die Unmöglichkeit selbst mit Händen greifen müsse. Der Führer folgte nun noch eine kurze Strecke, etwa ein Drittel der Höhe hinauf. Dann erklärte er, nicht weiter zu folgen, und schob auf mich alle Verantwortung. Herr Wildpret, welcher mich vergebens beschworen hatte, unten zu bleiben, folgte mir selbst nach, um mich nicht allein zu lassen, obwohl er sehr erschöpft war. Die letzte halbe Stunde war äußerst anstrengend. Etwa 300 Fuß unter dem Gipfel bekam ich die heftigsten Brustbeklemmungen und Kongestionen und fiel endlich ohnmächtig in den Schnee. Ein tüchtiger Blutstrom aus der Nase beseitigte jedoch rasch die Ohnmacht, und nun ging es die letzten 300 Fuß, die schwierigste Strecke, mit Aufgebot der letzten und äußersten Kräfte hinan. Punkt 12 Uhr mittags, am 26. November, hatte ich das stolze Ziel erreicht und stand jubelnd auf der Spitze des höchsten Eisblocks, welcher sich auf der höchsten Stelle des Kraterrandes erhob, mehr als 13000 Fuß hoch über dem Meere! 10 Minuten nach mir hatte auch Herr Wildpret, ganz erschöpft, den Gipfel erreicht.

Die Aussicht war bei herrlichstem Wetter vollkommen klar und über alle Beschreibung erhaben. Ich versuchte, den ganzen, mit Eis bedeckten Kraterrand zu umgehen, was jedoch ganz unmöglich war. Der eisige, sehr scharfe und mächtige Südwind ließ uns nur eine Stunde oben verweilen. Der Rückweg war noch schwieriger als das Hinaufklettern. Um 3 Uhr waren wir wohlbehalten in der Estanzia Inglese zurück. Nach halbstündiger Ruhe wurde um 3½ Uhr der Rückweg angetreten. Um 10 Uhr abends landeten wir in Orotava.

Unsere Besteigung des 13000 Fuß hohen Pik von Teyde dürfte sowohl die beschwerlichste als die interessanteste unter allen bisherigen Ersteigungen des Pik gewesen sein. Wenigstens ist nach der einstimmigen Versicherung der Führer, welche selbst noch am Fuße des Piton die Ersteigung der letzten Höhe für unmöglich erklärten, diese Ersteigung noch niemals unter so viel Gefahren und Hindernissen ausgeführt worden. In Orotava hatte die ganze Bevölkerung unserer Expedition das vollständigste Mißlingen prophezeit; als wir nun doch siegreich heimkehrten, wurden wir höchlichst angestaunt, und schon am folgenden Morgen eristierten die fabelhaftesten mythischen Übertreibungen über die Gefahren derselben. Das Wetter begünstigte unser Unternehmen in der glücklichsten Weise, da der heftige Südsturm an den vorhergehenden Tagen Schnee genug hinweggeschmolzen hatte, um die Besteigung überhaupt zu ermöglichen. Der frischgeschmolzene Schnee, sogleich wieder erstarrt, hatte die wunderbarsten Eisfiguren auf der Lava des Pik gebildet, welche meist auf das täuschendste in Größe und Gestalt Vogelfedern glichen. Jeder einzelne Lavablock schien mit einem Federkleide bedeckt, das oft vollständig einem Komplex von Schwanenflügeln glich. Nur der heiße Südwind, der auf der Südseite jedes Blocks schnelle Schmelzung verursachte, während auf der anderen, nördlichen Seite sogleich wieder der herübergewehte Wasserstaub in Form von zarten Eisfedern erstarrte, konnte diese höchst wunderbaren und seltsamen Bildungen produzieren. Niemals habe ich in den Alpen etwas Ähnliches gesehen, oder in Beschreibungen des alpinen Eises von dergleichen gelesen. Über den Bimssteinlagern und den Aschefeldern bildet das Eis mehr eine gleichförmige, aber äußerst zierliche und feinfiedrig gezeichnete Lage. Jeder einzelne hervorragende Bimsstein auf demselben trug aber eine äußerst zarte und schön geformte, meist schild= oder nierenförmige Eisplatte. Die unendliche Mannigfaltigkeit und unbeschreibliche Schönheit dieser Eisblätter, Eisblumen und Eisfedern, welche hier und da in Form der wunderbarsten, höchst phantastisch geformten Eisbäume zusammengehäuft und übereinandergebaut erschienen, gewährte mir während der äußerst beschwerlichen Tour von der Estanzia Inglese bis zur Spitze des Pik den höchsten Genuß.

Von dem Rückwege habe ich Euch in meinem Briefe noch nichts erzählt. Er war nicht weniger beschwerlich und gefährlich als der Aufstieg. Nur über den Piton ging's sehr rasch und leicht hinunter, da Herr Wildpret und ich, die allein den Piton erklommen, über die glatte Eisfläche in einer Viertelstunde leicht, halb sitzend, halb liegend, hinabrutschten, deren Erklimmung uns so viel Schweiß und Anstrengung gekostet hatte. Unsere Gefährten erwarteten uns sehr niedergeschlagen in der Estanzia Inglese. Der Rückritt von dort bis zur Estanzia di cera war bei der prachtvollsten roten Abendbeleuchtung herrlich und sehr genußreich. Dagegen war der weitere Rückritt von dort bis Villa Orotava immer scharf bergab auf den scheußlichsten Lavawegen sehr anstrengend, und da der Mond uns nicht leuchtete (er ging erst um 10 Uhr auf), wirklich halsbrechend. Wir konnten nicht genug die Klugheit und Umsicht und den festen, sicheren Schritt unserer Maultiere bewundern, welche, eines hinter dem anderen, ohne zu stürzen, teils in absoluter Dunkelheit, teils bei dem unsicheren Licht weniger Kienfackeln den Weg prüfend fanden. Doch waren wir sehr froh, mit ganzen Knochen Orotava erreicht zu haben.

Die übermäßigen Anstrengungen der Pik=Besteigung, welche uns 22 Stunden ununterbrochen auf den Beinen gehalten hatte, machten uns für die nächstfolgenden Tage, an denen der Pik sich wieder in Schnee und Wolken einhüllte, vollständig zu weiteren Exkursionen unfähig.

Zwei ganze Tage lagen wir in Villa Orotava still und hüteten uns, unser erschüttertes Skelett und die angestrengten Muskeln irgendwelcher kräftigen Bewegung auszusetzen. In den herrlichen Gärten der Villa, voll der seltensten, schönsten und größten Gewächse tropischer Art, brachten wir sehr erquickende Ruhestunden zu und ergötzten uns an dem Anblick des paradiesischen Tales von Orotava mit seiner Masse von Palmen und Drachenbäumen, Bananen und Kolokasien, Bambusen und Bignonien. Erst am Nachmittag des 28. November hatten wir wieder so viele Kräfte gesammelt, um nach Puerto Orotava, eine Stunde entfernt, langsam herabzugehen und uns in Herrn Wildprets Botanischem Garten zu erquicken.

Wir blieben die Nacht in Puerto und benutzten die beiden folgenden Tage beim herrlichsten, nur etwas zu heißem Wetter zu einem Ausflug nach der Nordwestseite von Teneriffa. Greeff und Fol machten die Tour zu Pferde, Miklucho und ich zu Fuß.

Am Donnerstag, den 29. November, morgens 7 Uhr verließen wir Puerto Orotava und wanderten zunächst längs der Küste nach dem reizenden, am Fuße der Caguadas gelegenen Dorf Realejo. Von dort bis S. Juan de la Rambla führt einer der reizendsten Wege, welche ich kenne, vielleicht der schönste der Kanarischen Inseln. Der Pfad schlängelt sich in zahllosen Windungen bergauf, bergab, an der höchst wilden und malerischen Nordküste hin, meist am Fuße von sehr steil aufsteigenden, 2—3000 Fuß hohen Felsen, welche höchst malerisch mit Gruppen von Palmen und Drachenbäumen bewachsen sind, während die tiefen, wilden Schluchten (Barrancos), welche die zerklüfteten Lavarücken scheiden, und in denen frische Bäche rieseln, mit dem prachtvollsten Grün der Bananen und Kolokasien ausgefüllt sind. Die einzelnen Häusergruppen an diesem überaus schönen Küstenstrich sind sehr malerisch, und ich bedauerte sehr lebhaft, keine Zeit zu Aquarellen zu haben. Die Blicke nach dem östlichen Teil der Insel geben den schönsten Hintergrund. Die folgende Strecke von Rambla bis Jcod dagegen ist höchst öde und wüst, die gelben Bimsstein= und schwarzen Lavafelder nur mit kaktusartigen Euphorbien und Kleinien bewachsen. In Jcod de los Vinos langten wir um 2 Uhr mittags ganz in Schweiß gebadet an. Gegen Abend gingen wir an den Strand hinunter, wo wir mit Fackeln eine der großen Guanchen=Höhlen besuchten. Die Nacht war eine der flohreichsten auf der ganzen Reise; wir konnten kaum schlafen.

Freitag, den 30. November, gingen wir morgens ganz früh bei dem herrlichsten Wetter in dem schönen Tale von Jcod de los Vinos nach dem eine Stunde entfernten Garachico (an der Küste) hinab, uns an der herrlichen subtropischen Vegetation erfreuend: Drachenbäume von märchenhafter Form und Größe, Bananengruppen in der herrlichsten Mischung mit Palmen und Bambusen, prachtvolle Farnkräuter mit efeugleichen Wedeln, Zuckerrohr= und Kaktusfeldern. Um 11 Uhr brachen wir von Jcod de los Vinos auf, um auf dem oberen Wege nach Villa Orotava über das Gebirge zurückzukehren. Dieser Weg ist ganz verschieden von dem unteren Küstenweg, nicht so schön, aber auch sehr interessant. Er führt lange Strecken bergauf, bergab, durch wilde Schluchten und über steile Höhen, zum Teil durch kanarischen Kiefernwald, weiterhin durch Erika- und Lorbeerwälder. Höchst großartige, wilde Barrancos, vom Fuß des Piton bis zur Küste hinab den Berg spaltend, unterbrechen den Weg. Der Anblick war reizend schön, besonders der Blick in das Tal von Orotava, von der Höhe von Icod los altos herab. Um 6 Uhr abends langten wir sehr ermüdet von sechsstündigem Marsch in Villa Orotava an.

Arrecife auf Lanzarote, 9. Dezember 1866.

Endlich, endlich sind wir am langersehnten Ziel unserer Reise angelangt und haben den festen Boden unter den Füßen, welcher uns hoffentlich im nächsten Vierteljahr reiche zoologische Ausbeute liefern wird. Was wir seit den wenigen Stunden unserer Ankunft von Arrecife gesehen haben, hat die hochgespannten Erwartungen, die wir für unsere pelagischen Expeditionen hegen, sehr befriedigt. Der Hafen ist zwar klein, aber der beste, bei weitem der beste, oder vielmehr der einzige in dem ganzen kanarischen Archipelagus, da alle übrigen sogenannten Häfen (S. Cruz und Puerto Orotava auf Teneriffa, Puerto Luz auf Gran Canaria, Puerto de Cabras auf Fuerteventura) nur offene Reeden sind, auf denen die Schiffe so gut wie keinen Schutz vor dem Winde finden. Hier dagegen bildet die Küste drei ringsum trefflich geschlossene Becken nebeneinander, von denen das größte umfangreich genug ist, um eine Flotte von 50 großen Schiffen aufzunehmen. Das Wasser darin ist klar und still, selbst wenn der Ozean draußen so bewegt wie heute ist. Dazu liefert das eine der drei Becken, welches bei Ebbe fast ganz trocken wird, den trefflichsten, reich mit Tang bewachsenen Ebbestrand, in welchem es von Tieren aller Art wimmelt, sodaß wir auf die reichste Ernte rechnen dürfen.

Gleich unser erster Gang heute nach der Ankunft war nach diesem Strand gerichtet, wo wir das erste Seebad in den afrikanischen Gewässern Lanzarotes nahmen bei einer Hitze von 22—24° R im Schatten, außerordentlich wohltuend. Beim Tauchen holte ich einen Stein aus der Tiefe, welcher eine wunderschöne, violette, wie es scheint, neue Spongie trug, ferner herrliche Aszidien und die merkwürdige Caulerpa vitifolia, welche zuerst Humboldt auf Lanzarote entdeckte und welche seitdem nicht wieder untersucht worden ist. Andere Steine am Strande waren mit sehr schönen Serpulen und Cirripedien besetzt, und zwischen den Steinen lagen massenhaft die zierlichen weißen Schalen der Spirula Peronii ausgeworfen, eines sehr merkwürdigen, sehr wenig bekannten Zephalopoden, den wir stark hoffen, lebendig zu fangen.

So war denn gleich der erste Gang an den Strand sehr glückverheißend, und wir hoffen auf reiche, anziehende Arbeit, sobald wir nur erst definitiv eingerichtet sind. Diese Einrichtung wird allerdings noch einige Mühe kosten, da Arrecife, obschon über 2000 Einwohner besitzend und Hauptort der Insel Lanzarote, dennoch keineswegs einer Stadt oder einem Hafenort nach europäischen Begriffen entspricht, vielmehr in Bauart, Umgebung, Einrichtung usw. der nur wenige zwanzig Meilen entfernten marokkanischen Küste von Afrika entnommen scheint. Die meisten Häuser sind einfache, einstöckige, weiße Würfel ohne Dach, bloß mit einer Tür, ohne Fenster, oder nur mit 2—4 Fensterlöchern, die aber nur durch grüne Holzläden, nicht durch Scheiben, geschlossen werden. Nur einige Häuser besitzen Fenster mit Glasscheiben, und ein solches zu erobern wird morgen unsere nächste Aufgabe sein. Bei den guten Empfehlungen, welche ich hierher mitgebracht, wird es uns hoffentlich gelingen, uns in einem erträglichen, arbeitsfähigen Zustande einzurichten. Sind wir erst eingerichtet, so wird uns das Studium der Meeresfauna von Arrecife für die nächsten 3 Monate ganz ausschließlich in Anspruch nehmen, da wir alles, was wir überhaupt von Seetieren in dem wenig bekannten kanarischen Archipelagus finden könnten, sicherlich hier am besten finden. Zudem ist Lanzarote, ebenso wie die nahe Insel Fuerteventura, eine so wüste Einöde, so entblößt von Vegetation und anderen Naturschönheiten, daß keine verlockende Exkursion uns von unserem Arbeitstisch wegziehen wird. Zwar sind diese beiden Inseln nicht gerade, wie uns Herr Berthelot in Santa Cruz sagte: „Partiees detachées de la Sahara" zu nennen. Denn Lanzarote sowohl als Fuerteventura sind keine flachen Sandinseln, sondern Konglomerate von zahlreichen niedrigen, vulkanischen Kegelbergen, deren höchste kaum 2000 Fuß Höhe erreichen. Allein diese Berge selbst sind ganz nackt und ohne Vegetation. Auf der ganzen Insel haben wir noch keinen Baum erblickt, und die kleine Hafenstadt liegt in der nacktesten, ödesten Umgebung. Das einzige Grün der Insel bilden ausgedehnte Kaktusfelder, auf denen die Koschenille-Schildlaus, der einzige Erwerbszweig der Insulaner, gezogen wird. So wird denn unser Skizzenbuch jetzt vollständig Ruhe haben und der Pinsel nicht mehr für Landschaften, sondern nur noch für Tiere in Anwendung kommen.

Nach den bunten und mannigfaltigen Reiseeindrücken, welche uns das unstete Nomadenleben der letzten 2 Monate gebracht hat, sind wir übrigens herzensfroh, hier endlich einen festen Ruhepunkt gefunden zu haben, und werden nun mit doppeltem Eifer an die Arbeit gehen. Die letzten 8 Tage haben noch möglichst dazu beigetragen, in uns dieses Gefühl ganz besonders lebhaft zu erwecken; sie gehörten zu den unangenehmsten und beschwerlichsten Reisetagen, deren ich mich erinnere. Da eine regelmäßige Dampfschiffverbindung zwischen den Kanarischen Inseln leider noch nicht existiert, so waren wir gezwungen, um von Teneriffa nach Lanzarote zu gelangen, das sogenannte Postschiff zu benutzen, d. h. ein Segelboot der elendesten Art, welches Vieh und Lebensmittel aller Art von einer Insel zur andern bringt und welches nebenbei zugleich die Post und eine beschränkte Anzahl Passagiere befördert. Montag, den 3. Dezember, sollte dieses Correos=

boot abgehen. Da jedoch die Spanier über alle Begriffe liederlich sind und vom Wert der Zeit gar keinen Begriff haben, so geschieht hier in der Regel alles 24 Stunden später, als zuerst bestimmt ist. So ließ denn auch unser Correos uns einen ganzen Tag warten, und statt Montag um 4 Uhr ging die „Estrella" Dienstag um 2 Uhr unter Segel. Schon um 10 Uhr morgens mußten wir an Bord sein und dort abermals 4 Stunden warten. Welchen Ärger und welche Scherereien wir mit dem Transport des Gepäcks, dem Einschiffen usw. hatten, läßt sich kaum beschreiben; alles, was ich in dieser Beziehung in Italien erlebt habe, bleibt weit hinter den Erfahrungen von Santa Cruz zurück. Das Volk ist hier noch halb wild. Die Estrella selbst war so dicht mit Menschen und Vieh besetzt, daß wir froh sein mußten, ein kleines Sitzplätzchen auf dem Verdeck oder auf einem Stück Paket zu erobern, denn die Kajütenplätze, die wir genommen hatten, waren gänzlich uneinnehmbar. Eine Kompanie Soldaten, welche von der Garnison von S. Cruz nach Gran Canaria verlegt wurde, nahm das ganze Verdeck fast für sich in Anspruch, und ihre Weiber, wahre Megären, legten sich flach nebeneinander auf den Boden des engen, finsteren Loches, welches unverdienterweise Kajüte genannt wurde. So blieben wir denn die ganze Nacht auf dem Verdeck.

Glücklicherweise wehte der Wind so günstig, daß wir schon am anderen Morgen auf der Reede von Las Palmas, der Hauptstadt der Insel Gran Canaria, die Anker fallen ließen. Wir gingen alsbald, nachdem unser Gepäck auf ein anderes Correosboot, die Rosalia, geschafft war, ans Land und benutzten den Tag, um uns Las Palmas mit der nächsten Umgebung anzusehen. Nach der reizenden Schilderung, die wir von Gran Canaria gelesen, waren wir ziemlich enttäuscht, denn die Umgebung der Hauptstadt ist durchaus öde, die Berglinie keineswegs besonders schön. Der Reichtum an Wald und Wasser, von dem die früheren Reisebeschreiber sprechen, ist jetzt größtenteils verschwunden. Doch macht die Stadt immerhin einen sehr charakteristischen und echt afrikanischen Eindruck. Die Häuser, alle weiß, ohne Dächer, ziehen sich in langen Reihen am Fuße einer öden, dunkelbraunen, vulkanischen Hügelreihe hin, über welchen sich das höhere Zentralgebirge Gran Canarias erhebt. Der hintere Teil der Stadt zieht sich in zwei engen Bergschluchten hinauf, in welchen zahlreiche Palmen zwischen den Häusern stehen. An mehreren Stellen bilden die Palmen förmlich kleine Wäldchen. Das tiefblaue Meer, einige runde Kirchenkuppeln in den weißen Häusermassen, die dunkelbraunen Berge und baumartigen Euphorbien, mächtige Agaven an den Wegen, Kaktusfelder auf den Hügeln geben der Landschaft ein ganz fremdartiges, orientalisches Gepräge.

Von dem englischen Konsul in Las Palmas, Mr. Houghton, an den ich durch Sir Charles Lyell in London warm empfohlen war, wurden wir sehr freundlich aufgenommen und mit den Verhältnissen der Insel Gran Canaria vertraut gemacht. Um Mittag wollten wir noch einen

4*

größeren Spaziergang machen. Doch brannte die afrikanische Sonne so furchtbar heiß von dem wolkenlosen Himmel (die Hitze stieg sicher über 30°!), daß wir ganz erschöpft unter einem Bananen- und Tamariskengebüsch lange Siesta hielten.

Um 5 Uhr bestiegen wir die Rosalia, das kleine elende Correoboot, welches uns über Fuerteventura hierher führen sollte. Während das Boot bei gutem Wind hierzu 30—35 Stunden braucht, mußten wir bei widrigem Ostwind 4 Tage und Nächte dazu verwenden, welche bei der miserablen Beschaffenheit des Fahrzeugs wirklich martervoll wurden. Zwar waren außer uns 4 Naturforschern und der Mannschaft nur noch 2 Passagiere, Bauern von Lanzarote, an Bord. Allein der Bord war so überladen mit Vieh und Früchten, daß wir nirgends ein erträgliches Sitzplätzchen erwerben konnten und entweder unten in der Kajüte schmachteten, oder oben auf einem Haufen Fruchtkörben zwischen Ochsen und Schweinen herumklettern mußten. Leider konnten wir so auch die Nächte nicht auf dem Verdeck zubringen, sondern waren gezwungen, uns in die scheußliche Kajüte einpferchen zu lassen, welche schlimmer als das schlimmste Zuchthaus war, ein dunkles Loch ohne Fenster, 6 Fuß lang, 2—3 Fuß breit, umgeben von zehn paarweise übereinander gelegenen Holzkästen von 4 Fuß Länge, 2 Fuß Breite. In diesen elenden Kästen, welche die Stelle der Kojen vertreten, mußten wir unseren armen Kadaver einzwängen, noch dazu ohne alle Unterlagen von Matratzen und dergleichen; dabei war das ganze Kajütenloch aber so schmierig und übelriechend wie der vordere Teil des Schiffes, auf welchem sich die Schweine und Ochsen zusammengepfercht befanden. Natürlich wimmelte es von Insekten aller Art: Flöhe habe ich noch nie in solchen Massen beisammen gesehen, selbst nicht vor 8 Tagen in Icod de los Vinos, wo jeder von uns in einer Nacht zwischen 50—200 Flohstiche erhielt; Wanzen waren noch zahlreicher als in Orotava; Schaben (Blatta) liefen in Scharen über den geplagten Kadaver hinweg; und als schlimmstes von allen bedrohten uns noch die Läuse, welche sich die Schiffsmannschaft gegenseitig von ihren wie gepudert aussehenden schwarzen Häuptern ablas und mit großem Appetit verspeiste. Die Mannschaft selbst war viehisch roh, am meisten der Kapitän, dessen Hauptvergnügen darin bestand, Hunde auf die Schiffsjungen zu hetzen oder diese mit Seilen oder Rohrstäben zu prügeln. Noch nie habe ich einen so scheußlichen Aufenthalt in so nichtswürdiger Gesellschaft gehabt, und darin mußten wir vier ganze Tage und Nächte in der allerunbequemsten Lage aushalten, wobei uns das starke Schaukeln des kleinen Schiffes in den hohen Wellen immer von einer Seite auf die andere warf. Fast beneidete ich den armen Greeff und Miklucho, welche in ihrer Seekrankheit ihre Leiden nicht so fühlten wie Fol und ich. Als wir endlich gestern mittag durch die Bocagna zwischen Lanzarote und Fuerteventura hindurchfuhren, hatten Fol und ich die größte Lust, über Bord zu springen und nach Lanzarote hinüber zu schwimmen; leider gingen aber die Wellen zu hoch, und der Kanal war doch zu breit, um es wagen zu können. Zu den anderen Leiden kam auch noch der Hunger, da wir nur auf einen Tag Proviant mitgenommen hatten; und wir mußten uns teils mit halbfaulen Fischen, teils mit Gofio oder geröstetem Maismehl, der Hauptnahrung der Kanarier, begnügen. Meine Gefährten, die noch mehr als ich litten, schwuren hoch und teuer, niemals wieder ein so vermaledeites Segelboot zu besteigen. Glücklicherweise wurde in der letzten Nacht der Ostwind so stark, daß die Rosalia nicht in ihrem nächsten Bestimmungsort, Puerto Cabras auf Lanzarote, anlaufen konnte, sondern direkt hierher gehen mußte; fast wären wir noch eine fünfte und sechste Nacht unterwegs gewesen!

Von der Bevölkerung der Kanarischen Inseln sind wir nicht sehr erbaut. Sie stehen sehr wenig über dem Gorilla. Wir erfreuen uns alle vier trotz der gewaltigen Strapazen der letzten Wochen der trefflichsten Gesundheit. Das Klima ist herrlich, nur etwas zu heiß. Hier auf Lanzarote gibt es nur Zisternenwasser. Soeben erscheinen drei Dromedare, um unser Gepäck vom Strande nach der Fonda zu befördern. Das einhöckrige Kamel ist hier auf Lanzarote das gewöhnliche Lasttier, daneben existieren noch viele Esel.

Arrecife (Lanzarote), 17. Dezember 1866.

Seit 8 Tagen sind wir nun auf der Insel, welche unsere zoologische Beobachtungsstation für das nächste Vierteljahr und somit das Hauptziel unserer Reise sein wird. Wir haben uns bereits hinreichend umgesehen, um einen vollständigen Eindruck von dem seltsamen Charakter dieses einsamen Eilandes zu besitzen, welches bisher erst von wenigen Naturforschern, und von diesen nur auf wenige Tage, besucht worden ist. Wir sind die ersten Naturforscher, welche auf längere Zeit sich in dem öden Arrecife festsetzen, und zugleich die ersten Zoologen, welche sich Lanzarotes Fauna zum speziellen Untersuchungsobjekt erwählt haben, abgesehen von Webb und Berthelot, welche nur gelegentlich und nur sehr oberflächlich sich mit derselben beschäftigt haben. So viel wir bis jetzt urteilen können, ist unsere Wahl sehr glücklich gewesen, denn der herrliche Hafen von Arrecife ist nicht nur der beste, oder vielleicht der einzige sichere Hafen der Kanarischen Inseln, sondern er ist für unseren speziellen Zweck, und namentlich für die pelagische Fischerei, so ausgezeichnet günstig, als wir nur irgend wünschen und verlangen können. Leider haben wir bis jetzt unsere eigentliche Arbeit noch nicht beginnen können, da die Wohnung, in welcher wir uns häuslich einrichten werden, erst morgen von ihren bisherigen Besitzern verlassen wird. Anfangs hatte das Auffinden einer passenden oder selbst nur erträglichen Wohnung die größten Schwierigkeiten, und wir können sehr froh sein, daß wir glücklicherweise doch noch eine solche erbeutet haben; auch die verlorenen letzten 8 Tage können darüber wohl noch verschmerzt werden. Wir haben diese Zeit benutzt, uns in dem

Städtchen Arrecife und in seiner nächsten Umgebung, besonders in dem für uns wichtigsten Teil, dem Hafen, und den verschiedenen Buchten in dessen Nähe zu orientieren. Außerdem haben wir 2 Tage zu einer weiteren Exkursion nach der Nordseite von Lanzarote verwendet, auf welcher wir den größten und interessantesten Teil der öden vulkanischen Insel kennen lernten.

Freitag, den 14. Dezember, ritten wir auf 2 Kamelen nach Haria, dem einzigen größeren Dorfe im Norden der Insel, welche zugleich der landschaftlich schönste Punkt derselben ist. Obgleich die Kamele schon um 7 Uhr bestellt waren, erschienen sie doch erst um 9 Uhr, eine Zeitversäumnis, auf die man hier bei allen Bestellungen sicher rechnen darf. Der Kamelritt selbst war natürlich für uns höchst interessant, obschon wir diese Art der Fortbewegung an sich keineswegs sehr angenehm fanden. Aber sowohl auf Lanzarote, wie auf Fuerteventura ist das Kamel das bei weitem am meisten verbreitete Reit= und Lasttier und viel häufiger und billiger als der Esel und das Maultier. Pferde gibt es nur wenige und kleine. Gewöhnlich trägt jedes Kamel zwei Reiter, die auf armstuhlartigen Sesseln beiderseits des Kamelhöckers, das Gesicht nach vorn gekehrt, sitzen. Wenn nur ein Reiter allein da ist, wird er oben auf den Höcker gesetzt, auf welchem sich ein besonderer dritter Sattel befindet.

Das Kamel hat eine Menge ganz besonderer Gewohnheiten und Unarten, mit deren Beobachtung wir uns in den letzten Tagen sehr amüsiert haben; es ist eins der komischsten Tiere. Unter anderem stößt es, sobald es sich (zum Auf= und Absteigen) hinlegt oder erhebt, ein eigentümliches Geheul oder Grunzen aus, wobei es den häßlichen Kopf auf dem langen Halse in höchst lustiger Weise hin und her bewegt. Ferner hegt es eine ausgesprochene Feindschaft gegen die kleinen, schwarzen, mit einem roten Halsband versehenen Schweine, welche hier auf allen Straßen massenhaft, wie bei uns die Hunde, frei umherlaufen. Auch mit den Eseln, welche das Kamel meistens sehr zu fürchten scheinen, lebt es auf keinem freundschaftlichen Fuße. Dennoch fanden wir an mehreren Stellen den Pflug der Bauern von einem höchst komischen Zwiegespann gezogen, das kleine Eselchen neben dem dreimal so großen Kamel. Der gewöhnliche Gang des Kamels ist sehr langsam; ein guter Fußgänger geht doppelt so rasch. Dabei ist die wiegende und schaukelnde Bewegung seiner Gangart, ähnlich dem Schwanken eines kleinen Bootes, für solche, die zur Seekrankheit geneigt sind, keineswegs angenehm, weshalb Dr. Greeff schon nach einer Stunde Reitens abstieg. Das Anhalten, Aufsteigen und Absteigen erfordert immer einige Zeit, da dem Kamel jede Unterbrechung seines stetigen, langsamen Schrittes sehr unangenehm ist.

Um von Arrecife auf dem direkten Wege (längs der Ostküste) nach Haria zu gelangen, brauchten wir 6 Stunden (von 9—3 Uhr). Der Weg führt größtenteils durch sehr ödes, vulkanisches Hügelland, welches nur zum kleinsten Teil mit Kaktus (Koschenille) bepflanzt ist. Die paar elen=

den Dörfer, welche wir passierten, bestanden nur aus wenigen, höchst primitiven Hütten, d. h. würfelförmigen, aus Lavablöcken aufgebauten Höhlen ohne Licht und Fenster, bloß mit einer niedrigen Tür als einziger Öffnung. Neben jeder Hütte stand in der Regel eine niedrige, kubische Mauer, als Kamelstall verwandt, einige Haufen borniges Gestrüpp daneben (Prenanthes spinosus) als Brennmaterial. Vor Haria, welches in einem tiefeingeschnittenen Tale liegt, ersteigt man eine steile, ansehnliche Höhe, von welcher aus sich ein sehr hübscher Blick über das palmenbesetzte Dörfchen und den Krater der Corona eröffnet, ein konisch abgestutzter Vulkan von sehr unregelmäßiger Form. Da in Haria keine Fonda (Gasthaus) ist, so fanden wir sehr gastliche Aufnahme bei dem Krämer des Ortes, Don Zenon Perez, an welchen wir empfohlen waren.

Wir benutzten den Rest des Tages noch, um den steilen, über 2000 Fuß hohen Krater der Corona zu besteigen; eine sehr beschwerliche Tour, da die glatten Wände des steilen Trichters ganz mit lockerer Asche und mit Rapilli bedeckt sind, in welche größere Lavablöcke eingestreut sind. Erst bei Sonnenuntergang hatten wir die Höhe des scharfen Kraterrandes erklommen, von welcher man in die dunkle Tiefe des schön rot gefärbten Trichters hinabschaut. Die Aussicht umfaßt den ganzen nördlichen Teil der Insel, begrenzt durch die Kraterreihen der Südspitze; fern im Norden die Inseln Alegranza und Graziosa sowie die Meerenge (el Rio), welche dieselben von Lanzarote trennt. Das Herunterrutschen im Dunkeln erforderte auf dem glatten, aschebedeckten südlichen Abhang des Coronakraters nur $\frac{1}{4}$ Stunde, während das Hinaufsteigen fast $1\frac{1}{2}$ Stunde gekostet hatte. Um 7 Uhr waren wir wieder in Haria. Samstag, den 15. Dezember, blieben wir morgens noch bis 10 Uhr in Haria, um eine Skizze von dem sehr charakteristischen, echt afrikanischen Landschaftsbild des Dorfes aufzunehmen.

Die einzigen Bäume, welche in dem Tale sichtbar sind, sind Dattelpalmen, welche hier aber in außergewöhnlicher Anzahl, zu mehreren Hunderten, beisammen stehen und die niederen Hütten sowie die zwischen ihnen stehenden Getreideschober umgeben. Das Hariatal ist das feuchteste, an Regen reichste Tal von Lanzarote. Zeitweise fließt darin sogar ein kleiner Bach. Den Rückweg von Haria nach Arrecife nahmen wir auf der Westküste der Insel über Teguise. Nur Fol und Miklucho ritten; Greeff und ich gingen zu Fuß, da wir unsere Kamele zurückgeschickt hatten. An der Westküste gibt es einige sehr wilde Stellen, an denen steile Basaltwände von mehr als 1000 Fuß Höhe fast senkrecht ins Meer stürzen.

Teguise, wo wir von 2—4 rasteten, ist die ganz öde und verlassene frühere Hauptstadt der Insel, welche durch die aufblühende Hafenstadt Arrecife (el puerto) immer mehr herabgedrückt wird. Der Weg zwischen beiden Städten ist höchst öde und führt durch eine wahre Wüste. Um 7 Uhr abends in Arrecife.

Arrecife (Lanzarote), 8. Januar 1867.

Der erste Monat unseres Winteraufenthalts in Arrecife ist bereits verflossen und unser Leben hierselbst hat schon seit 14 Tagen die feste Einrichtung erhalten, welche es in stereotypischer Einförmigkeit auch in den nächsten 2 Monaten beibehalten wird. Im ganzen sind wir sehr zufrieden, da der Hauptzweck unseres hiesigen Aufenthalts, das Studium der atlantischen Meeresfauna, hier in der gehofften Mannigfaltigkeit und Ausdehnung gefördert wird. Das Meer in der unmittelbaren Nähe der Küste von Lanzarote ist sehr reich an niederen, wirbellosen Tieren der verschiedensten Gruppen und für mein spezielles Studium, Radiolarien und Medusen, bietet mir dasselbe so reichliches und schönes Material, daß ich alle Hände voll zu tun habe. Da die Insel im übrigen gar nichts bietet, was irgend anregen oder zerstreuen könnte, da die höchst öde und tote vulkanische Landschaft fast aller Vegetation entbehrt, können wir unsere gesamte Zeit der Meeresfauna widmen, und so verfließt denn mit Fangen und Beobachten, Zeichnen und Beschreiben der schönen pelagischen Tierformen ein Tag und eine Woche ebenso genußreich wie die anderen.

Freilich hat es uns 14 Tage Zeit und viele Mühe gekostet, ehe wir so weit waren, daß wir unsere Arbeit anfangen konnten. Die Insel Lanzarote liegt noch weit mehr außer dem Verkehr mit der europäischen Kultur als die übrigen Kanarischen Inseln, und so sind denn viele Einrichtungen und Anstalten, welche bei uns als selbstverständliche Bedürfnisse auch in der ärmsten Hütte gelten, hier noch selten oder selbst ganz unbekannt. In vieler Beziehung könnte man sich hier vollständig auf eine von der Zivilisation noch nicht berührte Insel der Südsee versetzt glauben; da wir nun zu unseren zoologischen Arbeiten, zum Mikroskopieren und Zeichnen, Sammeln und Untersuchen der Seetiere gar manchmal Apparate und Utensilien unumgänglich nötig haben, die wir nicht mitgebracht haben, weil wir sie hier als selbstverständlich vorausgesetzt hatten, so hatte unsere definitive Einrichtung mancherlei Schwierigkeiten. Obgleich wir uns mit der spanischen Sprache schon ziemlich zurechtfinden, so hat uns doch noch mehr das außerordentlich freundliche und gefällige Benehmen, welches die Lanzaroten gleich allen Kanariern gegen jeden Fremden zeigen, über jene Schwierigkeiten glücklich hinweggeholfen.

Ein glücklicher Zufall führte uns gleich am ersten Tage unseres hiesigen Aufenthalts einem Herrn zu, welcher in Europa gewesen war, europäische Zivilisation kennt und schätzt und mit der größten Bereitwilligkeit und Gefälligkeit bestrebt war, uns hier alles Mangelnde zu ersetzen. Dieser freundliche Mann, Don José Baron, hat wesentliche Verdienste daran, daß wir überhaupt hier bleiben und unser Laboratorium aufschlagen konnten. In den ersten Tagen glaubten wir fast daran verzweifeln zu müssen, so sehr fehlte es uns hier selbst an den ersten und notwendigsten Bedürfnissen. Die größte Mühe kostete zunächst die Beschaffung einer passenden Wohnung für uns vier, und es vergingen 10 Tage, ehe wir eine solche gefunden hatten. Die meisten Häuser haben nämlich meistens gar keine Fenster oder doch keine Glasfenster und nur wenige größere Häuser sind mit letzteren versehen. Das Haus, welches wir für ¼ Jahr mieten konnten, gehört zu den größten und besten der Stadt. Wir haben darin zehn Zimmer, von denen zwei mit Glasfenstern versehen sind; die übrigen haben nur Türen, welche sich auf den Potio öffnen, auf den von einer hölzernen Galerie umschlossenen Hof, welcher sich in der Mitte jedes größeren Hauses befindet. Die allermeisten Zimmer auf den Kanarischen Inseln haben nur eine Öffnung, welche zugleich Tür und Fenster darstellt. Unten in der Mitte des Hofes ist eine große Zisterne, in welcher das Regenwasser gesammelt wird. Aus der Küche steigen wir mittels einer Leiter auf das flache Dach unseres Hauses, von wo aus wir eine sehr hübsche Aussicht auf das ganze Städtchen und die Umgebung sowie auf Meer und Gebirge genießen. Unsere Wohnung liegt zwar nicht unmittelbar am Meere, wie wir wohl gewünscht hätten, aber doch nur wenige Minuten davon entfernt, in der Calle prinzipale oder Hauptstraße.

Nicht weniger Mühe als das Finden der Wohnung kostete die Beschaffung des nötigen Ameublements. Große Tische sind hier fast gar nicht vorhanden und wir mußten solche erst beim Schreiner bestellen. Glaswaren sind ebensowenig zu haben. Glücklicherweise hatten wir aus London, Lissabon und Santa Cruz hinreichend Gläservorräte mitgebracht. Süßes Wasser ist hier ein kostbarer Artikel. Es regnet auf der Insel oft jahrelang gar nicht (in den fünfziger Jahren hat es einmal drei volle Jahre hindurch nicht geregnet!). Dann wird das Wasser von Gran Canaria in Fässern herübergebracht; das Faß kostet 2—3 Taler. Gegenwärtig sind die Zisternen (die einzigen Wasserquellen der Insel) reichlich gefüllt, da es im letzten Oktober viel geregnet hat. Da das Zisternenwasser sehr unrein ist, so muß es, um trinkbar zu werden, durch Sandstein filtriert werden; jedes Haus hat in der Regel einen großen Filtrierstein. Die Anschaffung dieses kostbaren und unentbehrlichen Artikels hatte wieder viele Schwierigkeiten; doch wurde auch dieser durch die gütige Vermittlung des Don Jose endlich erworben. Wir haben nun hinreichend süßes Wasser zum Trinken und für unsere Arbeiten. Da wir keine besondere Bedienung in dem von uns allein bewohnten Hause besitzen, so muß das Heraufschaffen des Wassers aus der Zisterne in den Filtrierstein sowie die anderen kleinen häuslichen Dienste von uns selbst besorgt werden, und wir wechseln allwöchentlich bei diesen Stewartsdiensten ab. Viele europäische Bedürfnisse, wie zum Beispiel Kleiderreinigen, Bettmachen usw., müssen wir ebenfalls nebenbei selbst besorgen oder haben sie uns abgewöhnt.

Unsere Küchenverpflegung kommt uns jetzt, wo wir uns bereits daran gewöhnt haben, ganz leidlich vor; aber in den ersten 14 Tagen glaubten wir nicht bei der kanarischen Kost lange aushalten zu können. Nach spanischer Sitte nehmen wir in unserer Fonda zwei Mahlzeiten ein, Frühstück um 12 Uhr, Mittagessen um 6 Uhr abends. Hauptsächlich besteht unsere Nahrung aus Fischen und Früchten; Fleisch und namentlich Braten haben wir uns ganz abgewöhnen müssen, ebenso Kartoffeln und Gemüse. Unsere wichtigste Nährfrucht ist die Guajave, welche wir mittags und abends in großen Quantitäten verzehren. Dagegen erhalten wir die herrliche Banane, an welche wir uns in Santa Cruz und Orotava sehr gewöhnt hatten, hier leider nur ausnahmsweise. Fast alle Speisen werden wie in Italien mit Öl angemacht; während aber in Italien das Öl meistens ausgezeichnet schön ist, pflegt man es hier allgemein stark ranzig zu genießen. So bleiben denn als Delikatessen unserer Mahlzeiten, abgesehen von Guajaven und Kaktusfrüchten, Ziegenmilch und Eier übrig, welche meist zu haben sind. Da fast alle Nahrungsmittel von den anderen Inseln importiert werden müssen, so ist Abwechslung nicht gut möglich und die Preise sind natürlich ziemlich hoch. Trinkbarer Wein ist auf der ganzen Insel nicht zu finden; wollen wir daher unser filtriertes Zisternen=wasser schmackhafter machen, so kann dieses nur mittels Guajaven= oder Orangensaft geschehen.

Alle diese kleinen Entbehrungen machen uns viel zu schaffen; das Unangenehmste aber und was wirklich sehr störend ist, sind die ungeheuren Massen von Ungeziefer, von denen es hier überall wimmelt. Die außer=ordentliche Unreinlichkeit, welche hier überall herrscht, in Verbindung mit der trockenen Wärme des Klimas begünstigt die Entwicklung derselben in einem Grade, der alle europäischen Begriffe weit übertrifft. In allen Stuben wimmelt es von Ratten und Mäusen und von sehr großen Schaben (Blatta), welche bei hellem lichtem Tage ganz ungeniert herum=laufen und alle möglichen Sachen anfressen. Die Schlafstuben sind voll von Wanzen und von Moskitos, welche die Nachtruhe gewöhnlich mehr=mals unterbrechen und an manchen Tagen fast ganz unmöglich machen. Doch bei weitem das Schlimmste sind die ungeheuren Mengen von Flöhen, deren es hier in allen Häusern und Zimmern in Überfluß gibt, sodaß wir auch durch die größtmögliche Reinlichkeit uns ihrer nicht er=wehren können. Täglich mehrmals müssen wir uns gänzlich umziehen und unsere Kleider stückweise durchsuchen; und jedesmal tötet jeder von uns mindestens ein Dutzend, oft aber gleich 30—40 Stück von diesen ver=wünschten Quälgeistern, welche uns bei der Arbeit im höchsten Grade lästig sind. Vergebens haben wir alles mitgebrachte Insektenpulver auf=gewendet, vergebens uns täglich mehrmals mit Petroleum eingerieben. Wie bei der Hydra des Herkules wird jedes gemordete Haupt sogleich durch ein Dutzend andere ersetzt. Gegenüber dieser Landplage, welche uns täglich 2—3 Stunden kostet, treten die anderen Unbequemlichkeiten des hiesigen Aufenthaltes ganz zurück.

Die allgemein herrschende Unreinlichkeit in allen Häusern und Straßen berührt uns wenig mehr und wir suchen uns durch tägliches Seebaden davon möglichst freizuhalten. Diese Seebäder, welche wir jeden Abend nach Sonnenuntergang an einer sandigen Stelle des Strandes nehmen, sind die größte Erquickung. Das Wasser hat fast immer 13—14⁰, die Luft fast konstant 15—16⁰ R; nur mittags wird es oft etwas heiß, das Thermometer steigt dann (z. B. am Neujahrstage) in der Sonne auf 25—26⁰. Die Nächte sind nur wenig kühler als der Tag. Im ganzen ist die Temperatur sehr gleichmäßig, so wie die Sonne fast immer in gleicher Klarheit von dem wolkenlosen Himmel herabstrahlt. Regen haben wir erst einmal, am Neujahrstage, bei großer Wärme gehabt.

Das Klima würde herrlich sein und die köstliche Vegetation begünstigen, wenn nicht der absolute Wassermangel die ganze vulkanische Insel zu einer baumlosen und überhaupt pflanzenleeren Wüste machte. In ganz Arrecife und in seiner Umgebung, soweit das Auge reicht, ist nicht ein Baum, nicht ein Strauch, geschweige denn ein Garten oder eine Promenade zu sehen. Selbst die grünen Kaktusfelder, auf denen die Kochenille gezogen wird, beginnen erst in beträchtlicher Entfernung der Stadt.

Die Wege, die von Arrecife nach den wenigen und entfernten Dörfern der Umgebung führen, sind öde Pfade durch schwarze nackte Lavawüsten. Dennoch ist die Lage Arrecifes, im ganzen als großes Landschaftsbild betrachtet, keineswegs ohne Reiz. Ringsum nämlich erheben sich auf der Landseite der Stadt, ein großes Amphitheater bildend, einige dreißig bis vierzig hohe und in schöngeformter Kette zusammenhängende Vulkane, deren höchste bis über 2000 Fuß aufsteigen. Da sie ganz nackt sind und da alle Gegenstände, an denen durch Vergleichung das Höhenmaß bestimmt werden könnte, fehlen, so erscheint jene Vulkanreihe noch bedeutend höher und großartiger, als sie in der Tat ist. Abends werden sie von der untergehenden Sonne mit den prachtvollsten Farben bemalt, insbesondere ein dunkel gesättigtes Violett, welches zu der intensiven Flammenglut des Abendhimmels meist in lebhaftem Kontraste steht. Die Farben des Himmels und des Meeres sind hier überhaupt prachtvoll und sie ersetzen uns einigermaßen den Mangel der wundervollen subtropischen Vegetation, welche uns in Orotava und Icod so manche genußreiche Stunde bereitet hatte.

An Spaziergängen und Exkursionen ist unter diesen Umständen in Arrecife nicht zu denken. Die einzige landschaftlich schöne Partie ist Haria an der Nordseite der Insel, welches wir in den ersten Wochen unseres hiesigen Aufenthalts besucht hatten. Dagegen machen wir täglich eine Exkursion auf das Meer hinaus, um teils mit dem feinen Netze pelagisch zu fischen, teils mit dem Schleppnetz (Dredsche) den Grund des Hafens und der Lagune abzusuchen, welche zwischen Hafen und Kastell liegt. Ein großer Teil dieses flachen Wasserbeckens sowie überhaupt ein großes Stück der flachen vulkanischen Küste wird bei der Ebbe trockengelegt, und zwischen den Steinen finden wir dann eine Menge kleiner Seetiere, Mollusken, Krebse, Würmer usw. sowie sehr schöne, festsitzende Schwämme und Aszidien. Doch ist diese Ausbeute bei weitem nicht so reich und so interessant, wie der pelagische Auftrieb, den wir durch Fischen mit dem feinen Netze an der Meeresoberfläche erhalten. Hier entfaltet sich der größte Reichtum der herrlichen südlichen Meeresfauna in prachtvollen Medusen und Siphonophoren, Ktenophoren und Salpen, Doliolum und Appendikularien. So reich wie das Becken von Messina ist das Meer hier freilich nicht; doch finden sich manche interessante Formen, welche im Mittelmeer fehlen, und die Vergleichung der mediterranen und atlantischen Fauna ist mir von besonderem Interesse. Im ganzen ist das Untersuchungsmaterial überflüssig reichlich, sodaß wir den ganzen Tag über vollauf mit Beobachten und Zeichnen, abends mit Aufschreiben von Notizen und Nachsehen der Literatur zu tun haben. Greeff untersucht Würmer und Echinodermen, Fol Mollusken und Sagitten, Miklucho Doliolum und daneben alles mögliche, ich selbst Medusen, Siphonophoren und Radiolarien. Schon manches schöne, neue Tierchen ist in mein feines Netz gegangen, und ich hoffe, als Resultat dieser Expedition einige „Horae canarienses zoologicae" heimzubringen; auch wird fleißig gesammelt.

Von den Bewohnern Arrecifes sehen wir, abgesehen von unserem Freunde Don Jose Baron und dem englischen Konsul Mr. Topham, an den wir empfohlen waren, nur wenig. Im ganzen ist es ein sehr harmloses, gutes Volk, unbekannt mit den Schatten- wie mit den Lichtseiten der europäischen Zivilisation. Die gesamte Bildung steht natürlich noch auf sehr niedriger Stufe; Bücher existieren im ganzen Nest nur sehr wenige; an Zeitungen wird nur ein spanisches Journal gehalten (El Diario espagnol). Daneben zwei kleine kanarische Lokalblätter, von denen eins in Teneriffa, eins in Gran Canaria gedruckt wird. Die Hauptbeschäftigung und den wichtigsten, ja fast ausschließlichen Handelsgegenstand der Insel bildet die Produktion und Präparation der Koschenille, welche auf ausgedehnten Kaktusfeldern in den ödesten Lavastrichen kultiviert wird. Die Produktion der Barilla (Soda), welche durch Verbrennen von massenhaft gebauten Mesembryanthemen gewonnen wurde, war früher sehr bedeutend, ist allerdings jetzt sehr gesunken. Auf wie tiefer Kulturstufe die ganze Insel noch steht, zeigen am deutlichsten die Verkaufsläden der Kaufleute, in denen noch gar keine Arbeitsteilung existiert, in jedem Laden kann man fast alle Gegenstände haben, die überhaupt hier käuflich sind. Ebenso ist unter den Handwerkern die Arbeitsteilung sehr wenig entwickelt. Da die Bewohner von Lanzarote sehr genügsam und bescheidener Natur sind, so haben sie auch sehr wenig Bedürfnisse und strenge Arbeit ist ihnen eigentlich unbekannt.

Lanzarote, Puerto del Arrecife, 27. 1. 67.

Wie ich Euch bereits im letzten Brief unser tägliches Arbeitsleben geschildert, verstreicht dasselbe so einförmig und gleichmäßig, daß es bald überflüssig werden wird, Briefe von hier nach Deutschland zu senden.

Die einzige Unterbrechung bildet die Ankunft des alle 14 Tage eintreffenden Correos oder Postschiffes, welches Briefe aus der Heimat bringt, die hier in der außerordentlichen Abgeschiedenheit des öden afrikanischen Eilandes so weit entfernt scheint. Da uns auch keine Zeitungen in die Hände kommen, so sehen wir natürlich jedem fälligen Posttage mit gespannter Briefhoffnung entgegen, die aber bei dem liederlichen spanischen Postwesen oft getäuscht wird.

So einförmig und gleichmäßig aber auch ein Tag gleich dem anderen verfließt, so viel ansprechende Mannigfaltigkeit und ergötzliche Abwechslung wird uns doch täglich durch unsere zoologische Beschäftigung geboten, für welche uns das Meer von Arrecife ein unerschöpflich reiches und mannigfaltiges Material liefert. Je mehr wir täglich die pelagische Fauna und die mannigfaltige tierische Bevölkerung der verschiedenen Küstenpunkte kennenlernen, desto reicher beladen mit zoologischen Schätzen kehren wir von unserer täglichen Morgenerkursion heim. Die Erwartung, was uns das Meer heute liefern wird, wächst so mit jedem Tage, und gerade in dem sich hierbei findenden großen Wechsel liegt ein beträchtlicher Reiz unseres ununterbrochenen Studiums.

Das bei weitem beste und interessanteste Material liefert uns die pelagische Fischerei mit dem feinen Gazenetz, mit welchem wir das Wasser der Meeresoberfläche gleichsam filtrieren, sodaß die zahllosen, an der Oberfläche wimmelnden kleinen Tierchen in den Netzmaschen hängenbleiben und dann in einem großen Glasgefäße, mit Seewasser gefüllt, abgespült werden. So erhalten wir eine Masse von herrlichen, zarten Medusen mit den zierlichsten Formen und schönsten Farben, ferner große Massen schöner kleiner Krebse in den seltsamsten Gestalten, zierliche Salpenketten, Doliolum, Appendikularien, Sagitten und wie die interessanten, glasartig durchsichtigen Tierchen alle heißen, die mich schon so oft im Mittelmeer erfreut haben. Meine drei Gefährten, die diese ganz eigentümliche und wunderbare Lebenswelt zum ersten Male hier kennenlernen, sind davon ganz entzückt, und mir selbst ist es die größte Freude, sie mit den einzelnen herrlichen Organismen derselben bekannt zu machen.

Alle übrigen Tierformen des hiesigen Meeres werden aber an Schönheit und Zierlichkeit, wie an hohem wissenschaftlichen Interesse, von den herrlichen Siphonophoren übertroffen, die ich selbst mir zum speziellen Gegenstand meiner Untersuchung gewählt habe. Es sind das schwimmende Medusenkolonien, Blumenstöcken sehr ähnlich, deren staatlicher Verband die interessantesten Verhältnisse weit vorgeschrittener Arbeitsteilung zeigt. Denkt Euch einen zierlichen, schlanken Blumenstock, dessen Blätter und bunte Blüten durchsichtig wie Glas sind und der sich in den zierlichsten und lebhaftesten Bewegungen durch das Wasser schlängelt, und Ihr habt eine Vorstellung von diesen wunderbaren, schönen und zierlichen Tierstaaten. Am oberen Ende des Stockes sitzt gewöhnlich eine große Luftblase, dann folgt eine Doppelreihe von schwimmenden Individuen, welche die ganze

Kolonie durch das Wasser ziehen. An dem langen, nachfolgenden Stamm sitzen zahlreiche blattähnliche Schutzindividuen, unter deren Mantel sich die fressenden und die tastenden Individuen verbergen können. Endlich sitzen in zierlichen Gruppen am Stamm zerstreut die Fortpflanzungs= individuen, welche sich bloß mit der Produktion von Eiern beschäftigen.

In der Regel liefert uns die pelagische Fischerei mit dem feinen Netze so viel Ausbeute, daß wir keine Zeit mehr finden, die Fauna der Küste genau zu untersuchen, obwohl auch diese sehr reich ist. Unmittelbar vor der Stadt Arrecife liegen nebeneinander drei geschlossene Wasserbecken, durch Lavaströme voneinander und von der hohen See geschieden, in welche nur bei der Flutzeit Schiffe durch ein enges Einfahrtstor (Portillo) eingehen können. Nur eines von diesen drei Becken, Puerto Naos, zu= gleich der beste Hafen der Kanarischen Inseln, ist tief, die beiden anderen sehr flach. Hier wachsen nun prachtvolle bunte Schwämme, Korallen, Seescheiden, Seerosen (Aktinien) usw. in solcher Fülle durcheinander, daß man mit ihrer Untersuchung allein mehrere Jahre zubringen könnte und gewiß eine reiche und lohnende Ausbeute haben würde. Dagegen ist der Fischmarkt im ganzen arm.

Mit dem großen eisernen Schleppnetz haben wir erst ein paarmal draußen auf dem tiefen Grunde des offenen Meeres gefischt, jedoch nicht besonders viel dabei gefunden. Auch ein paar nächtliche Ausfahrten bei schönem Mondschein waren ohne besonderen Erfolg. Dagegen haben wir an einigen sehr stillen Tagen mehrmals sogenannte Correntes (hier von den Fischern Zain genannt) angetroffen, ganz glatte, stromähnliche Bänder an der Meeresoberfläche, in denen die glasartig durchsichtig pela= gischen Tiere in solchen ungeheuren Massen angesammelt sind, daß das ganze Meer daselbst einer lebendigen Tiersuppe gleicht und daß beim Schöpfen mit den Glasgefäßen mehr Tiervolum als Wasservolum in die letzteren eintritt. Als die Hauptbestandteile solcher Correntes zeigten sich hier prächtige große Rippenquallen oder Kammquallen (Eurham= phaea, Cestum), ferner Salpa democratica-mucronata, zahllose, höchst seltsam geformte Krebse und viele kleine Medusen.

Eine wesentliche Differenz in der Beschaffenheit des Wassers wird hier durch die im Mittelmeer fehlenden Ebbe und Flut erzeugt, welche hier in Arrecife sehr beträchtlich ist und bei Vollmond (Springflut und Springebbe) ganze Strecken des Seebodens trockenlegt. Da finden sich dann in großen Mengen schöne Echinodermen (Seeigel, Seesterne, See= walzen, Seelilien), ferner prachtvoll gefärbte Schwämme, Nacktschnecken und Würmer und ein großer Reichtum an seltsamen, wahrscheinlich größtenteils noch nicht bekannten Seepflanzen (Caulerpen, Vallonien usw.)

So günstig übrigens auch das Meer hier durch seinen Reichtum an pelagischen Tieren für unsere Untersuchung ist, so würden wir doch diesen Reichtum weit besser ausbeuten können, wenn die See ruhiger wäre. Im ganzen ist sie sehr bewegt, da der fast beständig wehende Nordost=

Passat hier sehr fühlbar ist und nur selten durch Windstille oder durch einen Südwind unterbrochen wird. Durch die meist hochgehenden Wellen wird die Fischerei mit den feinen Netzen und besonders auch das Schöpfen der Siphonophoren, welches in großen Glasgefäßen geschehen muß, sehr erschwert, in dieser Beziehung ist das Mittelmeer weit angenehmer. Einmal neulich gingen die Wellen so hoch, daß wir beinahe Schiffbruch litten. Drei große Sturzwellen schlugen nacheinander in unser Boot, welches augenblicklich sank und nur dadurch flott gehalten wurde, daß wir alle vier nebst dem Bootsmann mit unseren Glasgefäßen und Eimern ¼ Stunde lang das Wasser ausschöpften. Natürlich waren wir von oben bis unten vollständig durchnäßt und mußten in Kleidern ans Land schwimmen. Es war eine Szene unbeschreiblicher Verwirrung, da alle unsere mitgenommenen Fischapparate durcheinander schwammen und die Gläser natürlich in tausend Stücke gingen. Dr. Greeff, der nicht allzuviel Courage besitzt, schrie ganz außer sich; ich hatte große Angst um Miklucho, dem einzigen von der Gesellschaft, welcher nicht schwimmen konnte, seinerseits aber mit großer Kaltblütigkeit das Boot sinken sah. Glücklicherweise ging das Abenteuer, welches leicht ernster hätte werden können, ohne schlimme Folgen vorüber und gab uns nachher sehr viel zu lachen.

Diese und andere kleine Abenteuer unserer Barkenfahrt sowie auch unsere täglichen, ohne Unterbrechung fortgesetzten Seebäder nach Sonnenuntergang gaben den Bewohnern von Arrecife sehr viel Unterhaltungsstoff, und die „quatro Naturalistas alemanos" sind für diesen Winter hier der interessanteste Gesprächsgegenstand. Natürlich wird unendlich viel über uns gefabelt und phantasiert; nach der Ansicht der meisten Arrecifer ist unsere Zoologie nur Simulation; der eigentliche Zweck unseres hiesigen Aufenthalts ist, die Insel auszukundschaften, weil die preußische Regierung die Absicht hat, mit ihrer Flotte die Kanarischen Inseln zu erobern!! Nach einer anderen Version sind wir französische Spione! Seitdem man herausgebracht, daß wir nicht „Katolico" sind, gelten wir auch nicht mehr für Christen, und unsere Instrumente, Mikroskope usw., haben uns überdem noch in den Ruf wirklicher Hexerei gebracht! Da man uns mit Sicherheit prophezeit hatte, daß unsere täglichen oder vielmehr nächtlichen Seebäder in dieser Jahreszeit unfehlbar töten würden, wir aber im Gegenteil uns sehr wohl dabei befinden, so sollen wir durch eine Zaubersalbe gegen alle Krankheiten geschützt sein, und viele Leute sind schon aus verschiedenen Teilen der Insel gekommen, uns zu konsultieren. Kurz, wir werden hier, sobald wir auf der Straße oder in der Fonda erscheinen, von den guten Bewohnern Arrecifes mit einem besonderem Gefühl betrachtet und gegrüßt, welches aus Ehrfurcht, Grauen, Bewunderung und Abscheu zusammengesetzt ist. Insbesondere die Kinder haben vor den „weißen Deutschen" (Alemano blanco) die größte Furcht und laufen schreiend in ihre Erdhütten, wenn wir abends nach dem Strande wandern. Unser Bootsmann dagegen, welcher uns mit großem Geschick bedient, fühlt sich durch seinen hohen Beruf sehr geschmeichelt. Im ganzen erscheinen die Bewohner Lanzarotes, von denen wir jetzt mehrere genauer kennen gelernt haben, wie große Kinder, mit allen Tugenden und Lastern der europäischen Knaben von 10—12 Jahren. Ernste Beschäftigung und strenge Arbeit ist ihnen ganz unbekannt; fast den ganzen Tag wird auf der Straße oder in der Haustür, die zugleich Fenster ist, umhergelungert, geplaudert oder gespielt; das Hasardspiel lieben sie leidenschaftlich. Die Frauen bleiben fast immer in die Häuser eingesperrt; nur Sonntags nachmittags dürfen sie ausgehen. Der Verkehr mit den anderen Inseln und mit Europa ist sehr schwach, da regelmäßige Dampfschiffverbindung gar nicht existiert. In dem trefflichen Hafen (Puerto Naos) liegen auch immer nur wenige und kleine, fast ausschließlich spanische Schiffe. In den zwei Monaten, welche wir jetzt hier sind, haben nur zwei englische Dampfer (die die afrikanische Küste besuchen) Lanzarote berührt. Ganz unglaublich ist der niedere Bildungsgrad selbst der vornehmeren und gebildeteren Bewohner von Arrecife, welche von Europa und besonders von Deutschland die seltsamsten Vorstellungen haben. Sehr viele Insulaner haben niemals ihre Insel verlassen und kennen selbst die nächste Insel, Fuerteventura, nicht, obwohl sie nur durch einen schmalen Kanal von Lanzarote getrennt ist. Sitten und Gebräuche sind meist spanisch, jedoch mit viel maurischen und berberischen gemischt, wie denn die Nähe der afrikanischen Küste sich auch in den Negerphysiognomien vieler hiesiger Mulatten ausspricht. Doch gibt es echte Neger hier nur in geringer Anzahl.

Arrecife auf Lanzarote, 10. Februar 67.

Unser Winteraufenthalt in Arrecife geht seinem Ende rascher entgegen, als wir zuerst beabsichtigt hatten, und wir haben gestern den Beschluß gefaßt, Ende dieses Monats unsere wüste Insel zu verlassen. Meine drei Reisegefährten sind der vielen Unbequemlichkeiten des hiesigen Aufenthalts und besonders der unendlichen Menge von Flöhen und anderem Ungeziefer so satt, daß sie schon verschiedene Male rebellisch geworden sind. Ich selbst hätte gerne noch bis zu der ursprünglich festgesetzten Abreise (Ende März) hier ausgehalten, um meine angefangenen Arbeiten noch weiter zu führen. Indessen haben mich die letzten Wochen, welche der pelagischen Fischerei sehr ungünstig waren, ebenfalls umgestimmt, sodaß ich in den lebhaften Wunsch meiner Reisegefährten, mit dem nächsten englischen Steamer fortzugehen, eingewilligt habe. Seit Mitte Januar hat sich hier der kanarische Winter eingestellt, zwar nicht mit Schnee und Eis und selbst nur mit sehr wenig Regen, aber dafür mit desto mehr Sturm, also in der für uns nachteiligsten Form. So haben wir denn leider in den letzten Wochen nur sehr dürftiges Material gehabt; an vielen Tagen konnten wir selbst gar nicht mit dem Boote herausfahren.

Nur unsere regelmäßigen täglichen Seebäder haben wir ununterbrochen fortgesetzt. Die Temperatur ist übrigens durch die heftigen Stürme sehr wenig alteriert worden und hat sich fast immer auf 14—15⁰ gehalten; am kältesten Tage sank sie auf 12⁰ R.

Vorgestern wurde die Einförmigkeit unseres alltäglichen Lebens durch ein sehr außerordentliches Ereignis unterbrochen, nämlich durch den Besuch eines deutschen Landsmanns, des (viel in Indien gereisten) Berliners Jagor, welcher Teneriffa besucht hatte und von dort nach Mogador fahrend, Lanzarote auf 2 Stunden besuchte. Ihr könnt Euch kaum vorstellen, welche außerordentliche Aufregung dieser europäische Besuch in unserer afrikanischen Expeditionsgesellschaft hervorrief und wie gierig wir in den wenigen Stunden, die Herr Jagor hier verweilte, ihn über Deutschland usw. ausfragten; wir empfanden nun doppelt die gänzliche Isolierung auf unserer wüsten Insel. Wir werden nun Lanzarote mit dem nächsten englischen Dampfboot, welches in den letzten Tagen dieses Monats hier erwartet wird, verlassen. Dieses Boot geht 10—14 Tage von hier nach Gibraltar, indem es drei Punkte der afrikanischen Küste (Mogador, Casablanca, Tanger) berührt. Wir werden also Mitte März in Gibraltar eintreffen und von dort nach kurzem Aufenthalt nach Granada und Madrid gehen. In Granada (Alhambra!) gedenken wir 8 Tage zu bleiben. Falls die Pariser Weltausstellung schon im April eröffnet ist (wie es heißt), werden wir diese auf der Rückreise mitnehmen, jedoch nur wenige Tage darauf verwenden. Ende April denke ich in Jena einzutreffen.

4. Yaiza und Montagna di fuego

Der englische Steamer, welcher uns von Lanzarote über Mogador nach Spanien bringen sollte, war in der letzten Februarwoche in Arrecife zu erwarten. Wir mußten also spätestens am 17. Februar mit dem Einpacken der gesammelten Schätze beginnen. Ich schloß daher mein zoologisches Laboratorium am 15. Februar und bestimmte den nächsten Tag zu einer Wanderung nach dem südlichen Teil der Insel Lanzarote, den ich noch nicht kannte und den meine Gefährten schon 8 Tage zuvor besucht und mir als sehr interessant, obgleich höchst öde und wild, geschildert hatten.

Ich benutzte einen leichten kleinen, mit drei munteren Maultieren bespannten Wagen, welcher dreimal wöchentlich auf der einzigen Fahrstraße der Insel von Arrecife nach Yaiza geht, dem ansehnlichsten Dorfe des südlichen Teils von Lanzarote. Der Weg führt 3 Stunden lang teils durch öde, nackte Lavafelder, teils durch Kaktus- und Barillapflanzungen längs des östlichen Strandes am Fuße einer Kette von vulkanischen Kegelbergen hin. Er berührt ein paar kleine Dörfer, deren elende Steinhütten inmitten der schwarzen Lavawüste liegen. Dann biegt er sich zwischen zwei hohen Kraterbergen, wie zwischen den Pfeilern eines mächtigen

Tors hindurchgehend, fast rechtwinklig nach Westen und führt abwärts zu einer ungeheuren schwarzen Lavawüste hin, auf deren südöstlichem Rande das seltsame Dorf Yaiza erbaut ist.

Dr. Cravello, der angesehenste Arzt von Arrecife, besitzt in Yaiza ein sehr hübsches Landhaus. Er hatte mich, zu seiner Villa hinausfahrend, unterwegs auf der Landstraße angetroffen und auf das freundlichste eingeladen, ihn daselbst zu besuchen. Als ich in Yaiza um 10 Uhr ankam, fand ich bereits einen Führer bestellt, welcher mich über das ungeheure Lavafeld des letzten Ausbruchs von 1829 nach dem noch tätigen vulkanischen Krater des Feuerberges (Montagna di fuego) bringen sollte, welche für die größte Naturmerkwürdigkeit der Insel Lanzarote gilt und in der Tat auch diesen Ruf verdient. Der Weg von Yaiza nach der Montagna di fuego führt eine starke Stunde lang mitten durch den mächtigen Lavastrom hindurch, welcher sich bei der letzten Eruption von dem Krater des Feuerberges aus ins Meer ergoß. Dieser Lavastrom sieht noch heute so frisch und neu aus, als ob er gestern erst erstarrt wäre. Nur am Rande hat sich hie und da eine dürftige Decke von weißen Flechten (Stereocaulon) angesiedelt, sonst ist alles vollkommen nacktes und von Vegetation entblößtes schwarzes Gestein, welches in den schroff zerklüfteten und bizarren Formen seiner Blöcke teils die Form eines Gletschers, teils die Form eines mit Treibeis erfüllten Stromes nachahmt. Viele mächtige Lavablöcke zeigen vollkommen die Gestalt erstarrter Wellen. Die Ecken und Kanten des zerrissenen Gesteins sind so messerscharf, daß auch das festeste Schuhwerk ihnen nicht zu widerstehen vermag und das die stundenlange Kletterei über dasselbe nicht bloß ermüdend, sondern auch sehr unangenehm ist.

Um 11 Uhr hatte ich den Lavastrom überschritten und stand am Fuße der dunkelbraunen Montagna di fuego, deren Fuß hier ganz mit lockeren Rapilli und Asche bedeckt ist. Langsam ging es über dieses Aschenfeld bei glühender Sonnenhitze bergan; als ich etwa eine Höhe von 1800 Fuß erreicht hatte, stand ich plötzlich auf dem scharfen Rande eines vulkanischen Kraters von lebhaft braunroter, sehr schöner Farbe, dessen Trichter mit der größten Regelmäßigkeit, wie der Sandtrichter eines Ameisenlöwen, bis zum Grunde ausgehöhlt war, und da er ganz mit feiner roter Asche bedeckt war, auch ganz glatte Wände zeigte. Der Rand des Kraters hatte auf der Südseite, auf welcher ich stand, seinen tiefsten Ausschnitt und erhob sich auf der gegenüberliegenden Seite noch etwa 300—400 Fuß höher. Das Hinanklettern auf dieser sehr steilen Seite war sehr beschwerlich, um so mehr, als der Boden, dem reichlich Schwefel und Salzsäuredämpfe entströmten, unerträglich heiß war. Papierstückchen, welche ich in 2—3 Fuß tiefe, mit meinem Bergstock in die Asche gestoßenen Löchern hineinsteckte, verkohlten augenblicklich. Die Sohlen der Schuhe waren brennend heiß.

Um 12 Uhr mittags hatte ich die höchste Gipfelspitze des Kraters erreicht. Die Aussicht, durch welche ich hier überrascht wurde, war außerordentlich merkwürdig und eigentümlich. Eine ödere, wüstere und traurigere Landschaft ist nicht denkbar. Das Auge umfaßt hier mit einem Rundblick die ganze südliche Hälfte der Insel Lanzarote, welche im 16. und 17. Jahrhundert ein blühendes und gesegnetes Land war, um dessen Besitz vielfach gekämpft wurde. Im 18. Jahrhundert wurde durch wiederholte Ausbrüche des Feuerberges diese ganze schöne und fruchtbare Landschaft in eine vollkommen tote und nackte Wüste verwandelt. Soweit das Auge reicht, sieht es auf allen Seiten nichts als den Greuel vulkanischer Verwüstung. Die vorherrschende Farbe des nackten Landes ist kohlschwarz, an manchen Stellen in ein düsteres Braun, hie und da in lebhaftes Rot oder Gelb übergehend. Vergebens sucht das Auge nach einer Spur von Vegetation, an deren Grün es sich erquicken könnte. Besonders merkwürdig ist der Blick nach Westen und Süden. Eine ganze Kette von steilen vulkanischen Kegelbergen zieht sich hier in langgestreckter Reihe von der Montagna di fuego bis zum Meere hin. Nach Süden hin steigt schroff und wild eine hohe Mauer von anderen, noch höheren Kratern auf. Im Osten wird der Blick durch die Kraterkette beschränkt, welche von Norden nach Süden ziehend, die westliche und östliche Inselhälfte voneinander trennt. Im Norden endlich zeigen sich die weniger schroffen Bergketten, welche nach S. Bartholomae und Teguize und weiterhin nach Haria sich erstrecken, und welche wir im Anfang unseres Aufenthalts auf Lanzarote besucht hatten. Nordwestlich von der schroffen Felsbastei, welche hier, von den Kratern der Korona ins Meer fallend, ein außerordentlich kühnes, vertikales Profil zeigt, erblickt man die Inseln Graziosa und Allegranza, die verhältnismäßig lieblichsten Punkte in diesem schauerlich öden Panorama. Niemals habe ich eine Landschaft gesehen, die einen so trostlos öden und traurigen, obwohl großartigen und erhabenen Eindruck gemacht hätte; die tote, alles Wassers entbehrende Gebirgsnatur des Mondes kann nicht wilder und nackter gedacht werden. Viele Stellen würden sich vortrefflich für eine plastische Darstellung von Dantes Inferno eignen.

Um den ganzen trichterförmigen Krater der Montagna di fuego zu umgehen, nahm ich meinen Rückweg auf dem östlichen, weniger schroff abfallenden Kraterrande, auf welchem ich zugleich noch einen Einblick in die tiefen Trichter mehrerer kleiner benachbarter Krater erhielt, die sich durch lebhafte gelbe und rote Farbe auszeichneten. Der Abstieg war ebenso langsam und schwierig.

5. In Marokko

Mogador, Marokko, 7. März 1867.

Afrika! Afrika! So rufe ich seit 3 Tagen stündlich viele Male, liebe Freunde, und wünschte nur, Ihr könntet hier bei mir sein, um dieses bezaubernde Wunderland mit mir zu genießen. Hatte mir meine Reisephantasie auch manches hier anders vorgestellt, als ich es finde, so sind doch im großen und ganzen meine Erwartungen nicht nur erfüllt, sondern noch übertroffen. Am ersten Tage hier lebte ich in förmlichem Taumel, ganz überwältigt von der Masse herrlicher, interessanter Gegenstände und Szenen, die mich hier in reichster Fülle umdrängten; allmählich beginnt sich diese Fülle zu ordnen und ich kann Euch wenigstens einzelnes von dem vielen in dürftigen Zügen zeichnen, für dessen volle und richtige Wiedergabe auch der fleißigste Pinsel des besten Künstlers nicht ausreichen würde. Doppelt anziehend und fesselnd erscheint hier alles, nachdem wir vorher auf dem öden, nackten Lanzarote uns jeglichen malerischen und mannig= faltigen Anblicks entwöhnt hatten. Der ganze Reiz des Orients erscheint aufgeboten, um uns hier in Mogador das in greifbarer Wirklichkeit vor Augen zu führen, was schon in früher Jugend die Märchen der Tausend= undeinen Nacht uns von Arabien erzählt hatten. Doch hört zuvor, wann und wie wir hierher gekommen sind!

Da der englische Dampfer, welcher jeden Monat nach Lanzarote kommt und welcher uns nach Afrika hinüberführen sollte, keine bestimmten Tage der Ankunft hat und bloß einige Stunden in Lanzarote hält, so mußten wir schon am 20. Februar (dem frühesten Termin seiner Ankunft) zur Abreise gerüstet sein. Am 15. Februar schloß ich daher meine Arbeiten, machte am 16. Februar die Exkursion nach Yaiza und auf die Montagna di fuego, von welcher ich im anderen Brief berichtet hatte, und begann am 17. Februar die schlimme Arbeit des Einpackens, die bei den mehr als hundert Gläsern voll Tieren, die ich gesammelt habe, keine geringe war. Auch dauerte sie viel länger, als ich veranschlagt hatte, sodaß ich erst nach 8 Tagen damit fertig und also erst am 25. Februar zur Abreise bereit war. Täglich und stündlich wurde von nun an der englische Steamer mit Sehnsucht erwartet. Endlich erschien er am 2. März mittags 12 Uhr auf der Reede von Arrecife! Ihr könnt Euch denken, welches Leben da auf einmal in die stille „Casa de los quatro naturalistas" kam, wie in aller Eile die letzten, noch außer den Kisten gebliebenen Gläser und Mi= kroskope eingepackt, die letzten Kisten zugeschlagen und dann mit Freuden das seltsame Haus verlassen wurde, welches ein ganzes Vierteljahr hin= durch der Schauplatz unserer zoologischen Freuden und unserer entomolo= gischen Leiden gewesen war. „Auf Nimmerwiedersehen!" so riefen wir vielmals dem leeren Hause, der langweiligen „Calle prinzipal" und dem öden Arrecife zu, obschon wir mit dankbarem Herzen der schönen zoologi= schen Schätze gedachten, welche das Meer uns hier beschert hatte, und die uns noch lange in der Heimat reiches Arbeitsmaterial liefern werden.

Um 4 Uhr nachmittags hatten die Kamele unsere vielen Kisten und Kasten zum Landungsplatz der Boote in Puerto del Arrecife gebracht. Ich allein hatte nicht weniger als zwei ganz große Kisten, jede von 5—6 Zentnern, und vier kleine. Nachdem sie alle in Booten an Bord gebracht waren, stiegen wir vier endlich um 5 Uhr selbst zum letzten Male in das

kleine Boot, in dem wir täglich mit Don Florentio und Don Juan hinaus=
gefahren waren, um die schönen Siphonophoren und Radiolarien zu
fischen. Unsere Arrecifer Freunde, namentlich unser guter portugiesischer
Wirt Don Domingo, und Don Jose Baron, dem wir so viele Freundlich=
keiten verdankten, wehten uns noch lange vom Kai die letzten Grüße zu;
das kleine Boot durchschnitt rasch den viel durchsuchten Puerto del Arre=
cife, an dessen Gestade uns fast jeder Stein ein alter Bekannter schien,
und wir kletterten bei einbrechender Dunkelheit an den hohen Flanken
des stattlichen Dampfers „Greatham Hall" empor, in dessen geräumigen
und trefflichen Kabinen wir sehr angenehme Aufnahme fanden. Außer
uns war nur noch ein Passagier erster Klasse an Bord, ein nordamerikani=
scher Tourist in meinem Alter, Mr. Havely, an dem ich bereits viel Ge=
fallen gefunden habe.

Die englischen Dampfer dieser Linie sind die einzigen Dampfer, die
überhaupt Lanzarote berühren. Jeden Monat geht ein Dampfer von
London nach Lissabon, Cadiz, besucht von da Teneriffa, las Palmas, Gran
Canaria, Lanzarote, berührt dann die afrikanische Westküste an fünf Punk=
ten: Mogador, Saphi, Mazagan, Casablanca und Tanger, und kehrt von
hier über Gibraltar und Lissabon nach London zurück. Der „Greatham
Hall", mit dem wir fuhren, ist das größte und geräumigste Schiff der Linie,
und die mächtigen Wellen, die der heftige Nordwestwind bei unserer Ab=
reise emporwarf, vermochten ihm nicht viel anzuhaben. Der erste Offizier
des Schiffes ist ein Deutscher, Herr Oppen aus Westfalen.

Es wurden gerade am Leuchtturm von Puerto Naos die Lichter an=
gezündet, als der Steamer die Anker lichtete. Die ganze folgende Nacht
über war die See sehr bewegt, ebenso am Sonntag, den 3. März. Montag
früh wurde die afrikanische Küste sichtbar, und um 10 Uhr ging der „Great=
ham Hall" (nach 40stündiger Fahrt) im Hafen von Mogador vor Anker.
Die Stadt nahm sich von Bord gesehen sehr stattlich aus, umgürtet von
einer hohen weißen Mauer mit durchbrochenen Zinnen, an den Ecken
mit Türmchen geziert. Hohe Moscheen mit schlanken Minaretts über=
ragen die weiße Häusermasse, an welcher nirgends Fenster sichtbar sind.
Über der Stadt erheben sich aus dem flachen sandigen Strande lang=
gestreckte Hügelreihen mit immergrünem Buschwerk bewachsen, ein lang=
entbehrter Anblick.

Es dauerte ziemlich lange, ehe die Hafenpolizei an Bord kam und uns
die Erlaubnis überbrachte, am Gestade Seiner Majestät des Kaisers von
Marokko zu landen. Das erste Boot, welches sich dem Schiffe näherte,
sah schon afrikanisch genug aus: lauter weiß vermummte Gestalten mit
schwarzen und dunkelbraunen Gesichtern. Andere Boote gleicher Art
folgten, und bald war das Verdeck mit diesen fremdartigen Gestalten be=
völkert, die in arabischem Kauderwelsch durcheinanderschrien und gestiku=
lierten und uns einen Vorgeschmack von den Bildern gaben, die unserer
am Lande warteten. Die Ehre, unsere Personen an Land zu bringen,

d. h. der gute Gewinn des hohen Überfahrtspreises, war Gegenstand eines lebhaften Streites, den wir endlich dadurch beendigten, daß wir in eines der vielen, an der Schiffseite liegenden Boote hinabstiegen. Mit kräftigen Ruderschlägen brachten uns die Neger, welche dasselbe führten, durch die wilde Brandung geschickt zum Hafendamm, und wir betraten mittags 12 Uhr am 4. März zum ersten Male den Boden des afrikanischen Festlandes.

Zunächst wendeten wir uns, ein Labyrinth von unterirdischen Kasematten durchschreitend, nach der Fonda des arabischen Juden Abraham, dem einzigen Hotel, welches in Mogador existiert, und welches uns in seinem sehr schmutzigen, durch zahlreiche Wanzen und Moskitos belebten Räumen (Zimmer kann man diese fensterlosen Löcher kaum nennen) gastliche Aufnahme gewährte.

Gleich nach unserer Ankunft meldeten sich bereits verschiedene, malerisch kostümierte Araber, um uns als Cicerones die Stadt und ihre Merkwürdigkeiten zu zeigen. Derartige Führer sind hier schlechterdings nicht zu entbehren, denn die Stadt bildet mit engen, von hohen Mauern eingefaßten Straßen ein solches Labyrinth, daß es selbst nach mehrtägiger Wanderung kaum gelingt, sich auch nur in den Hauptstraßen einigermaßen zurecht zu finden. So wanderten wir denn unter der Führung unseres arabischen Cicerone, der einiges Englisch und Französisch verstand, in der wunderbaren Stadt herum, die uns eine ganz neue Welt eröffnete.

Mogador ist die bedeutendste Handelsstadt an der ganzen Nordwestküste Afrikas und der Knotenpunkt, in welchem die meisten, aus dem Inneren des Kaisertums Marokko kommenden Verkehrsstraßen zusammentreffen. Daher ist denn die Bevölkerung eine sehr buntgemischte, und der tägliche Verkehr in allen Straßen und Gassen ein sehr lebhafter. Zwar zählt die Stadt nur etwa 20000 Einwohner; aber außerdem ist immer noch eine so große Anzahl von Reisenden aus dem Innern Marokkos, von Landleuten aus der Umgebung und von durchreisenden Fremden anwesend, daß die Straßen und Gassen stets von dem regsten Verkehr belebt erscheinen. Von den Einwohnern ist ungefähr ein Drittel aus Juden, ein Drittel aus echten Marokkanern (berberischen Arabern) und ein Drittel aus Negern und Mischlingen aller Farben gebildet.

Die allgemeine Verkehrssprache ist das Arabische, wie denn überhaupt die Araber die herrschende und tonangebende Nation sind. Die Juden bewohnen ein gesondertes Stadtviertel für sich, welches gänzlich von den arabischen Vierteln verschieden ist. Die Häuser des Judenviertels sind hoch und groß, mit 4—5 Stockwerken, und in jedem Hause wohnt eine größere Anzahl Familien beisammen. Die meisten Häuser haben hier Fenster nach der Straße. Die Häuser der Araber, oder wie sie hier heißen, der „Moros", sind dagegen sehr kleine, niedrige Würfel, da jede Familie ihr eigenes Haus bewohnt; Fenster sind in demselben niemals zu bemerken. Das Innere dieser arabischen Häuser ist ebenso unzugänglich wie die arabischen Moscheen. In den größeren Straßen sind alle nach der Straße offenen Räume Verkaufsläden, meist so eng, daß neben der aufgehäuften Ware meist nur noch Platz für den Verkäufer bleibt, welcher mit gravitätischer Ruhe, mit untergeschlagenen Beinen (nach türkischer Sitte) neben der Ware sitzt. Die Handwerker haben meistens keine besondere Werkstatt, sondern verrichten ihre Arbeit auf offener Straße, wo auch die meisten Geschäfte abgeschlossen werden.

Die Straßen sind überaus schmutzig, da aller Unrat aus den Häusern einfach auf die Straße geworfen wird, wo er so lange liegen bleibt, bis einer der vielen halbwilden herrenlosen Hunde, die massenhaft in allen Straßen herumlaufen, sich desselben erbarmt. Im seltsamen Kontrast mit diesem Schmutze steht die blendend weiße Farbe, mit welcher alle Häuser und Mauern, selbst die Festungsmauer der Stadt nicht ausgenommen, angestrichen sind, und welche sich im Innern der Häuser ebenso auf Fußboden und Decke wie auf alle Mauern erstreckt. Gewaschen und gescheuert wird selten oder nie; aber auf den immer frischen weißen Anstrich wird sehr sorgfältig gehalten.

Ist nun so schon das Äußere und Innere von Mogador seltsam und auffallend genug, so ist es noch weit mehr die äußerst bunte und fremdartige Bevölkerung, welche sich in demselben durcheinander drängt. Von der kohlschwarzen Rabenfarbe des typischen Bornu=Negers bis zu dem reinen Weiß des nordischen Europäers sind hier alle verschiedenen Farbenabstufungen vertreten; vorherrschend allerdings das dunkle Braungelb des Arabers der Westküste. Gesichter und Gestalten sind zum größten Teil höchst charaktervoll, viele davon entschieden schön zu nennen. Man sieht fast bloß Männer; die Weiber der Moros gehen nur selten aus dem Hause, und dann ist ihr Gesicht vollständig verschleiert, sodaß bloß das linke Auge frei bleibt. Häufig sieht man jüdische Frauen auf der Straße und unter diesen viele sehr feine Gesichter mit schönem zarten Teint.

Die schönsten von allen Gestalten Mogadors sind aber die weißen Araber, namentlich die älteren Männer, welche zum Teil wirklich lebendigen antiken Marmorbüsten gleichen. Sehr hohe, freie Stirn, schön gebogene kräftige Nase, fein geschnittene Lippen, dunkelglühende Augen, volles und glattes, rabenschwarzes Haupt= und Barthaar lassen diese Männer in der Tat als vollendete Muster kaukasischer Männerschönheit erscheinen. Nicht minder schön und kraftvoll als die Gesichter sind aber auch die Gestalten, mit ebenso maßvoll als ausgeprägt entwickelter Muskulatur, höchst malerisch in den weißen Burnus gehüllt, welcher das allgemeine Kleidungsstück der gesamten wohlhabenden Bevölkerung bildet. Der Faltenwurf dieses über die Schultern geworfenen Schals ist ebenfalls äußerst malerisch und wetteifert mit dem der griechischen Statuen.

Bunte Farben sind im allgemeinen nicht bei den höheren Ständen Sitte, abgesehen von der blauen Schärpe und dem roten Turban, den viele tragen. Um so bunter sind dagegen die Soldaten, namentlich die

Reiter, gekleidet, welche mit ihren lebhaft blau, rot und gelb gefärbten, meist nach türkischem Muster geschnittenen Uniformen, mit den reich vergoldeten und eingelegten Waffen, namentlich der 8 Fuß langen Flinte, den vielen goldenen Quasten und Trodbeln an der Uniform, sehr malerische Figuren abgeben, besonders wenn sie mit übergeworfenem weißen Burnus und mit quer über den Sattel gelegter Flinte auf ihrem prächtigen arabischen Schimmel langsam durch die Straßen reiten, oder draußen längs der Küste über den gelben Sand hinjagen.

Figuren ganz anderer Art, aber nicht minder malerisch und charaktervoll sind die Wasserträger, größtenteils Neger, meist fast ganz nackt, nur mit einem Schurz bekleidete und mit einem Turban geschmückte Gestalten, welche mit ebensoviel Kraft als Grazie zwei schwere Wasserfässer ihrem Esel vom Rücken nehmen und springend in die Häuser hineintragen. Höchst pittoreske Gestalten finden sich ferner unter den halbnackten Matrosen am Hafen, unter den Bettlern an den Straßenecken, aber auch sonst fast an jedem Punkte, auf welchem das erstaunte Auge des solchen Anblicks ungewohnten Europäers seine Aufmerksamkeit richtet. Ja, hier ist Afrika, wirklich Afrika!!

12. März, an Bord des Greatham Hall.

Ich fahre heute in der Schilderung Mogadors fort, in welcher uns ungünstiges Wetter (diesmal ein günstiger Zufall) volle 8 Tage festgehalten hat. Schon am 7. März sollte unser Dampfer Mogador wieder verlassen. Es erhob sich aber an diesem Tage ein so orkanartiger Südweststurm, daß nicht daran zu denken war, die noch übrige Ladung zu löschen, und daß unser großes Dampfboot eiligst die Anker lichten und auf das hohe Meer hinausdampfen mußte. Sonst war Gefahr vorhanden, daß die Ankerketten rissen und das Schiff in die wilde Brandung der felsigen Küste geschleudert wurde. So wurde denn unser Greatham Hall 4 Tage lang draußen von den wilden Wellen umhergeworfen, während wir diese Verzögerung mit Freuden benutzten, um uns in der höchst interessanten Mohrenstadt noch ferner umzusehen.

Was wir hier alles von maurischem Leben gesehen, erweckte in uns nicht geringe Lust, auch Marokko, die Hauptstadt des gleichnamigen Kaisertums, kennen zu lernen. Marokko ist nur 3—4 Tagereisen von Mogador entfernt und wird jetzt häufig von Europäern besucht. Indessen ist die Reise doch mit zu viel Umständen und Kosten verknüpft, namentlich aber mit zu viel Zeitverlust, als daß Dr. Greeff und ich uns dazu hätten entschließen können. Auch versicherten uns die in Mogador anwesenden Engländer, welche die Reise nach Marokko gemacht hatten, daß die Ausbeute derselben nicht hinreichend lohnend sei. Die Stadt sei zwar größer, aber bei weitem nicht so interessant als Mogador. Unsere beiden jungen Freunde Fol und Miklucho vermochten jedoch dem Reiz, den der Name

Marokko auf die Phantasie ausübt, nicht zu widerstehen, und trennten sich von uns am 7. März morgens, um unter Begleitung eines Soldaten und eines Dolmetschers diese zweifelhafte Reise anzutreten.

Tagebuch von Mogador

Montag, den 5. März. Ankunft im Hafen von Mogador. Landung. Erste Wanderung durch die Stadt. Ein glücklicher Zufall wollte, daß der Tag unserer Ankunft in Mogador zugleich ein Markttag war, sodaß wir die bunte, höchst gemischte Stadt- und Landbevölkerung sogleich in ihrem ganzen Glanze zu sehen bekamen.

In dem engen, finsteren Hofe unseres jüdischen Gasthauses wurde eine Auktion von Küchengeschirren abgehalten, welche ein prachtvolles Genrebild abgab; die bunten arabischen Gestalten mit untergeschlagenen Beinen reihenweise um den langen Tisch sitzend, auf welchem von einem alten weißbärtigen Juden die Auktion abgehalten wurde; Kinder und Hunde in Menge dazwischen, viel Neugierige und Bettler einen weiten Kreis um die Gruppe bildend. Wie alle Handlungen und Verhandlungen in Mogador geschah auch diese Auktion unter dem fürchterlichsten Lärm, indem immer ein paar Dutzend kräftige arabische Kehlen ihre harten, gurgelnden Gaumenlaute durcheinander kreischten und dabei mit Fingern und Händen lebhaft gestikulierten und mit den ausdrucksvollsten Mienen ihr Geschrei ausstießen.

Dienstag, den 5. März, Wanderung durch alle Teile der Stadt, welche den ganzen Vormittag einnahm. Die 3 Kirchhöfe vor den Toren besucht; der muhammedanische mit schönem Palmenhain, der jüdische mit einer Masse ganz gleichförmiger weißer Grabsteine, der christliche nach europäischer Sitte eingerichtet. Nachmittag und Abend verbrachten wir auf dem Hauptplatze der Stadt, einem oblongen Viereck, welches rings von weiten Höfen umgeben ist, in deren Umgebung sich die arabischen Bazars, höchst seltsam ausgestattet, meist sehr kleine Verkaufsläden befinden. Auf diesem Hauptplatz versammelt sich gegen Abend, nach getaner Arbeit, die ganze maurische Bevölkerung, um sich auch nach ihrer Art zu belustigen. An vier bis sechs verschiedenen Stellen bilden sich Zuschauerkreise, in deren Mitte pantomimische Komödien, Gesänge, Ringspiele, Schlangen- und Geisterbeschwörung und dergleichen aufgeführt werden. Da, wo sich der Zuschauerkreis an die Häuserwand des Platzes anlehnt, ist meist ein Feuer angezündet, um welches herum vier oder sechs Neger sitzen, die mit Tamburins, Kastagnetten und besonderen eigentümlichen Klapperinstrumenten einen monotonen Höllenlärm erregen, der hier als Musik bewundert wird.

Sehr amüsant sind die pantomimischen Possen und besonders die Schlangenbeschwörungen, amüsanter aber noch als die Akteure ist der buntgemischte Zuschauerkreis von Männern und Kindern aller Farben, welche mit der lebhaftesten Teilnahme und Gebärdensprache der Handlung folgen und zeitweise durch lautes Geheul ihren Beifall zu erkennen geben.

Die Weiber sind auch hier ausgeschlossen. Sie werden von den Arabern nur als nützliche Haustiere betrachtet und demgemäß behandelt. Die tiefverschleierten Frauen, denen man begegnet, sind meistens wie Lasttiere bepackt. An den Vergnügungen haben sie keinen Anteil.

Die Akteure bei jenen Possen sind meist jüngere Neger, welche sich durch viel größere Lebhaftigkeit und erfinderische Phantasie vor den weißen Arabern auszeichnen, welche ernster und bedächtiger sind. Sehr liebenswürdig erscheinen besonders die Negerkinder, deren Kopf bis auf ein kleines gelocktes Schwänzchen auf der Höhe des Scheitels ganz kahl geschoren ist. Viele Neger sind auch auf Brust, Gesicht und Armen tätowiert.

Mittwoch, den 6. März, Exkursion in das Gebirge. Ein herrlicher Tag, der uns eine Fülle schöner Naturgenüsse brachte.

Dr. Greeff und ich und unser amerikanischer Reisegefährte Mr. Havely ritten auf drei munteren Maultieren etwa 2 Meilen weit in das Gebirge hinein, welches sich südlich von Mogador erhebt, jenseits des Mogadorflusses, der ½ Stunde unterhalb der Stadt sich in das Meer ergießt. Begleitet waren wir von 3 Führern und von einem bewaffneten Soldaten, welchen uns der amerikanische Konsul verschafft hatte. Da räuberische Beduinen oft so nahe an die Stadt heranstreifen, daß Raubüberfälle in der nächsten Nähe vorkommen, so ist es nötig, sich auf allen Exkursionen von einem bewaffneten Soldaten begleiten zu lassen.

Wir ritten zunächst, nachdem wir den Mogadorfluß überschritten und die Hütten einiger arabischer Bauern besucht hatten, in einem Gelände von sandigen Hügeln hinauf, welches sich in mehreren Reihen hintereinander höher und höher erhebt. Während die dem Meere zunächst gelegenen Hügelreihen nackte Dünen sind, werden die weiter in das Land sich hineinziehenden dichter und dichter mit Grün bedeckt. Weiter unten ist es vorzüglich das dichte Buschwerk eines mächtigen, oft baumartig werdenden Ginsterstrauchs, welches die Vegetation beherrscht. Dieser Ginster scheint derjenigen, welcher die Höhen des Piks von Teneriffa bedeckt (der Retama blanca), sehr ähnlich zu sein und trägt gleich diesem weiße, herrlich duftende Blüten. Als wir höher hinaufritten, mischten sich zwischen diese Ginsterbüsche (Spartium) zahlreiche dunkle, immergrüne Büsche der Steinlinde (Phyllegrea) und des wilden Ölbaums. Der letztere (hier „Argentero" genannt) bildete auf manchen der nun folgenden Hügel förmliche Wälder und erhob sich hie und da zu prachtvollen Exemplaren mit mächtigen Stämmen von 40—50 Fuß Höhe, 3—4 Fuß Durchmesser und höchst charaktervoller Gestalt.

In dem Schatten dieser wilden Ölbäume hatte sich eine prachtvolle Frühlingsvegetation zu duftender Blüte entwickelt, vornehmlich aus

schlanken Asphodelos oder Höllenlilien, aus zarten violetten Schwert=
lilien (Iris), Krokus, schönen weißen Kreuzblumen (Arabis) und man=
cherlei bunten Schmetterlingsblumen und Kompositen gebildet. Ihr
könnt euch kaum vorstellen, mit welchem Jubel wir diese herrliche
blütenreiche, frische und duftende Frühlingsvegetation begrüßten, nach=
dem wir auf dem öden Lanzarote so lange diese Augenweide hatten ent=
behren müssen. Wir ließen durch unsere Führer große Büschel der duften=
den Blumen sammeln, mit denen wir unsere Maultiere schmückten.

Die schönste Überraschung stand uns aber noch bevor. Nach mehr=
stündigem scharfen Reiten hatten wir eine steile, dicht mit immergrünem
Buschwerk bewachsene Anhöhe erreicht, als plötzlich das Dickicht sich öffnete
und wir vor einem Anblick standen, den wir hier am wenigsten erwartet
hatten. Zu unseren Füßen breitete sich ein ungeheurer Talkessel aus,
ein sanft vertieftes, mächtiges Becken, fast ganz mit niederem Buschwerk
bewachsen, hie und da freundlich durch frischgrüne Saatfelder unter=
brochen, welche sich an kleine weiße Häusergruppen anlehnte. Darüber
zog sich hinten ein breiter dunkler Streif immergrünen Waldes hin, und
über diesem erhoben sich in prachtvoller Majestät großartige, in schönen
Linien lang hingezogene, violettblaue Bergketten, die letzten südwestlichen
Ausläufer des stolzen Atlasgebirges. Um das herrliche Landschafts=
gemälde zu beleben, fand sich im Vordergrund eine ansehnliche Kamel=
herde, 20—30 stattliche Tiere, welche unter dem frischgrünen Busch=
werk mit großem Behagen die Frühlingsblüten abweideten.

Nachdem wir uns an dem köstlichen Anblick recht von Herzen erlabt
und ich rasch eine Aquarellskizze abgenommen, eilten wir mitten durch
das Buschwerk hindurch nach einem anderen, aber kahlen und mit einigen
Hütten besetzten Hügel hin, der schon lange unsere Aufmerksamkeit er=
regt hatte. Oben angelangt, wurden wir durch ein neues, prachtvolles
Landschaftsbild überrascht. Wir standen auf der steilen Uferhöhe eines
tiefen Flußtales, in dessen blütengeschmücktem, bunten Grunde sich der
Mogadorfluß in schlangengleichen Krümmungen hinwand. Gegenüber
auf der anderen Seite erhoben sich schöngestreckte, teils nackte, teils dicht=
bewachsene Hügelketten übereinander.

Wir ritten nun eine ganze Strecke längs des Uferrandes hin und dann,
wie immer, fast ohne Weg und Steg über steile Blöcke, halb rutschend,
halb kletternd, in das Tal selbst hinab. Hier folgten wir dem seichten
Fluß, den wir mehrfach durchritten, bald auf der rechten, bald auf der
linken Uferseite, und gelangten endlich in die trichterartige erweiterte
Ausmündung des Flußtales, noch eben 1 Stunde vom Meere. Hier bot
sich uns die schönste Abendbeleuchtung, ein neuer herrlicher Anblick: zur
Linken eine steile Anhöhe, auf welcher ein mohammedanisches Kloster
mit einer Moschee thronte, zur Rechten eine Reihe ganz nackter, rotgelber
Sandberge, in der Mitte die Windungen des Flusses, welche bis zu dem
Eintritt ins Meer zu verfolgen waren, und am Meer selbst, langhin=

gestreckt und prachtvoll im Glanze der Abendsonne leuchtend, die Stadt Mogador mit ihren zierlich kannelierten Mauern und den niedlichen Türmchen, den runden Kuppeln und den schlanken viereckigen Minaretts. — Alles schneeweiß wie von Marmor — eine verzauberte Stadt wie aus einem Märchen!

In scharfem Galopp ging es nun noch ½ Stunde längs des Wassers über die feuchte Sandfläche hin, und eben vor Toresschluß noch kamen wir glücklich nach Mogador hinein, wo uns die Datteln in der Fonda Abraham und der spanische feurige Wein doppelte Erquickung boten. Durch diese herrliche Exkursion erschien uns dieser Tag als einer der lohnendsten der ganzen Reise, und um so mehr, als wir von der unwirtlichen Küste Mogadors dies am wenigsten erwartet hatten.

Donnerstag, den 7. März. Regenwetter und sehr heftiger Sturm. Der Regen goß in Strömen herab, sodaß Miklucho und Fol ihre Reise nach Marokko erst um Mittag antreten konnten. Der Amerikaner, Dr. Greeff und ich wurden von unserem Cicerone in ein kleines Haus im Judenviertel geführt, wo gerade Hochzeit war und wo wir die vielerlei höchst seltsamen Zeremonien, die bei den sehr orthodoxen Juden Mogadors üblich sind, bewundern konnten. Die Familie fühlte sich durch diesen europäischen Besuch im höchsten Grade geschmeichelt und doppelt, als ich mein Skizzenbuch hervornahm, um darin die höchst seltsame Situation zu verewigen. Kostüme, Gesichter, Musik, Bewirtung, Zeremonien — alles höchst originell und interessant.

Freitag (eben fällt mir ein, daß ich an diesem Tage mein 10jähriges Doktorjubiläum zu feiern habe!) — Freitag, den 8. März. Heute ist Freitag, mohammedanischer Feiertag. Das Quartier der Moros sieht sehr still und feierlich aus; die Moscheen sind mit andächtigen Betern gefüllt, welche ihre Schuhe an der Schwelle ausgezogen haben. Christen und Ketzer überhaupt dürfen die Moscheen nicht betreten. Doch stehen die Türen mit den schönen maurischen Hufeisenbogen offen und erlauben einen Blick ins Innere, welches sehr einfach, sauber, reinlich und geschmackvoll erscheint.

Gerade als wir durch das Tor wandern wollten, kommt schnellen Schritts ein stattlicher Neger hereingetrabt, eine prächtige herkulische Gestalt, in der einen Hand ganz gemütlich bei den Ohren eine Hyäne nachschleppend, deren Maul mit einem Holzklotz verstopft und mit umgebundenen Stricken geknebelt ist. Wir folgen ihm in das nächste maurische Café hinein, wo die frommen Muselmänner nach vollbrachtem Gebet beim Kartenspiel sitzen, und wo die Bestie, wie ein eingefangener Fuchs bei uns, geneckt und gereizt wird.

Von hier wandern wir zur Hauptmoschee, wo nach vollendetem Allahdienste die Garnison von Mogador in höchst malerischer, bunter Gewandung aufmarschiert ist und den Gouverneur beim Herauskommen aus der Moschee mit lautem wildem Jubel und Geschrei begrüßt.

Gegen Abend wandern wir nochmal durch das maurische Viertel, von da zum Wassertor, wo wir in einer Nische des Tores zwei alte Araber sitzen sehen, vor denen eine große Masse Volk in Ehrfurcht versammelt steht. Die beiden Alten, sehr malerisch und reich kostümiert, sind der Gouverneur (die höchste Person von Mogador) und der Kadi, welche hier am Freitag Abend in der Tornische öffentlich Recht sprechen. Ich zeichne die höchst charakteristische Szene in mein Skizzenbuch, während Dr. Greeff auf und ab geht. Der Gouverneur bemerkt uns, winkt uns höchst gnädig heran und läßt sich uns durch den freundlichen Kadi, welcher in Holland, Belgien und England gewesen ist und Englisch spricht, vorstellen. Er ist höchst ergötzt zu hören, daß wir Preußen sind, und läßt sich vom Krieg und den Zündnadeln erzählen. Dann betrachtet er mit Bewunderung mein Skizzenbuch und fragt, ob wir ihm nicht ein Dutzend guter Zigarrer schenken könnten, was wir leider beide als Nichtraucher verneinen müssen. Wieder höchst amüsante Szene: er versichert uns beim Abschied unter herzlichem Händedruck seines gnädigsten Wohlgefallens.

Samstag, den 9. März. Sabbat! Auf den maurischen folgt der jüdische Sonntag. Wir besuchen mehrere Synagogen und bewundern den höchst seltsamen alttestamentlichen Ritus, der von den orthodoxen Juden Mogadors noch in aller Strenge geübt wird, bis zum Küssen der aufgerollten Schriftrolle usw. Der amerikanische Konsul, ein sehr freundlicher alter Jude, dem wir erzählt haben, wie interessant uns die jüdische Hochzeitsfeier war, ladet uns heute zu einer solchen im größten Maßstabe ein. Die einzige Tochter des reichsten Juden von Mogador wird heute vermählt, und wir 3 Europäer werden als Ehrengäste wieder den ersten Platz an der Tafel erhalten, wo wir die seltsame Zeremonie in aller Nähe bewundern können. Nach den Feierlichkeiten folgte ein unendlich langes Dejeuner mit mehr als ein Dutzend verschiedenen Fleischschüsseln. Endlich um 3 Uhr nachmittags sind wir erlöst und wir machen trotz des heftigen Windes noch einen Spaziergang zur Villa des Gouverneurs, welche ganz öde mitten im Wüstensande der Küste liegt.

Sonntag, den 10. März. Morgens machen wir eine Anstandsvisite bei der reichen jüdischen Familie, deren Hause die goldgeschmückte Braut des vorigen Tages angehört. Dann reiten wir auf den trefflichen Maultieren, welche uns der Konsul nebst einem Soldaten und einen Führer zur Disposition gestellt hat, trotz des immer noch sehr heftigen Windes in die Ferne hinaus, diesmal nach Nordosten hin, auf der Straße nach Marokko. Wir müssen zunächst um eine größere Lagune herumreiten, teilweise durch sie hindurch, dann 1 Stunde lang durch eine Sahara, völlige Wüstengegend, lediglich aus Massen von nackten, gelbroten Sandhügeln gebildet, welche zusammen ein wirkliches Sandmeer bilden. Es verdient um so mehr diesen Namen, als der heftige, wehende Wüstenwind, der Samum, von dem Rücken der lockeren Dünenhügel ganze Wolken von Sand abhebt und über uns ausschüttet. Endlich liegt diese höchst unangenehme, obwohl sehr interessante Strecke hinter uns und wir gelangen, immer weiter bergan reitend, auf eine Kette von höheren Hügeln, auf der sich dürftige Vegetation in sehr eigentümlicher Form findet. Immergrüne Lebensbäume (Thuja), dunkle Büsche von Tamarinden (Pistacia) und Steinlinden. Hinter dieser Hügelkette erheben sich noch mehrere andere, alle mehr oder minder dicht bewachsen. Auf vielen dieser grünen Hügel, welche wir hinanklettern, findet sich wieder dieselbe herrlich duftende und blühende Frühlingsvegetation, welche uns schon auf der vorhergehenden Exkursion erfreut hatte: Iris, Asphodelus, Arabis, ein prächtiges, feuerrotes Anagallis, blühendes, weißes Spartium, usw. Die immergrünen Büsche und Bäume sind hier aber nicht von wilden Ölbäumen, sondern von Lebensbäumen (Thuja) gebildet.

Endlich haben wir einen höheren Bergrücken erklommen, von welchem wir einen weiten Blick nach Norden und Nordosten in das Land hinein genießen: eine echt afrikanische Wüstenlandschaft, ein endloses Meer von gelbroten, wellenförmigen Sandhügeln über- und hintereinander; über den hintersten erheben sich allmählich weit entfernte blaue Berge, die den südöstlichen Ausläufern des Atlas angehören.

Der ziemlich weite Rückweg wurde heute fast ganz im scharfen Galopp zurückgelegt, was bei dem feurigen Mut meines trefflichen Maultieres meine schwachen Reitkünste auf keine geringe Probe stellte. Indessen saß ich so fest in dem so trefflichen, rot behängten, türkischen Sattel, daß ich der Gefahr, in den Sand geworfen zu werden, glücklich entging.

Montag, den 11. März. Wir haben heute die trefflichen Maultiere zu einem neuen Wüstenritt bestellt, aber vergebens. Der heftige Sturmwind, der unser Dampfschiff von der Küste weggetrieben hatte, und den wir für die unerwartete Verzögerung unserer Reise und den achttägigen Aufenthalt in Mogador sehr dankbar sind, hat sich gelegt und wir müssen von der wunderbaren Mohrenstadt Abschied nehmen. Noch ein letzter Gang über den Markt, und wir wandern zum Hafen, wo bereits die starken Neger unserer warteten, die uns um 3 Uhr mitten durch die wild tobende Brandung mit kräftigem Ruderschlag zum Dampfer brachten. Die Abfahrtszeit verzögert sich noch bis 6 Uhr, sodaß wir Zeit genug haben, uns nochmals des schönen Anblicks zu erfreuen, den das stattliche Mogador mit seinen Mauern und Türmen, Moscheen und Minaretts darbietet, angelehnt an das merkwürdige Hügelland, welches wir mit so viel Genuß durchstreift hatten. Auch die Boote mit der wilden, abenteuerlich aussehenden Bemannung von Mohren, mit ihrer sehr primitiven Bauart und Segelform, wie sie unter dem Gesang oder vielmehr Geheul der dunklen, nackten Bemannung durch die brausenden Wellen schießen, können wir nicht genug betrachten. Endlich um 6 Uhr lichtet der Greatham Hall die Anker und wir kriechen alsbald in unsere Kabinen, da die mächtigen orkanischen Wellenberge, welche noch von dem Sturme der letzten Tage zurückgeblieben sind, unseren großen Steamer wie eine Nußschale hin- und herwerfen.

Gibraltar, 18. März 1866.

Da vermutlich der Brief, den ich heute abgeschickt habe und der das Tagebuch über unsere Rückfahrt von Lanzarote nach Europa enthält, erst in einigen Wochen nach Jena gelangen wird, Ihr aber doch vielleicht gern hört, daß ich trotz orkanartigen Sturms und Unwetters, trotz Beduinen und Negern, trotz Skorpionen und Schlangen, glücklich und unversehrt wieder in dem lieben alten Europa angelangt bin, so sende ich Euch von hier direkt diese flüchtigen Zeilen.

Gestern, am Sonntag, den 17. März, mittags 3 Uhr habe ich nach viermonatiger Abwesenheit wieder den europäischen Boden betreten, welchen ich am 15. November 1866 verlassen hatte. Ihr könnt Euch kaum vorstellen, welchen blendenden und anziehenden Eindruck Gibraltar, die erste mit europäischer Kultur ausgestattete und noch dazu mit englischem Komfort versehene Stadt auf uns macht, nachdem wir ¼ Jahr hindurch nur die elenden, öden Hütten Lanzarotes und zuletzt die primitiven Hafenstädte der afrikanischen Nordwestküste gesehen hatten. Alles erscheint uns durch diese mächtige Kontrastwirkung hier doppelt angenehm und anziehend, und das Wandern durch die halb spanischen, halb englisch ausgestatteten Straßen mit ihren reichen Läden, ihrem lebendigen europäischen Menschengewühle läßt uns alle Vorzüge und Reize der europäischen Zivilisation lebhaft empfinden. Selbst die mäßige Table d'hote unseres Gasthauses — ein ganz ungewohntes Vergnügen — erscheint uns als ein lukullisches Prunkmahl, nachdem wir 15 Wochen hindurch fast nur in ranzigem Öl gebackene Fische, Fleisch von der Härte der Stiefelsohlen, und Früchte und Eier als einzige Delikatesse genossen haben. Wir wissen nun, wie es bei den „Wilden" außer Europa aussieht!

Gibraltar, 18. März 1866.

Der erste Tag, den wir nach viermonatiger Abwesenheit von Europa heute wieder in unserem mütterlichen Erdteil verlebt haben, gehörte zu den genußreichsten unserer Reise. In der Tat ist Gibraltar eines der merkwürdigsten Stücke, nicht allein von Europa, sondern überhaupt von der Erde, ein gewaltiger, überaus kühn und großartig geformter Felsblock, von der Natur selbst zur Festung geschaffen, und durch alle Hilfsmittel der Kriegskunst derart befestigt und verteidigt, daß er vollkommen uneinnehmbar erscheint. Einzig in seiner Lage, an der Meerenge, welche zwei Kontinente trennt und zwei große Ozeane verbindet, beherrscht er dieses Gebiet so vollständig, daß die Engländer als die glücklichen Besitzer sich wohl dieser Herrschaft mit besonderem Stolze rühmen können. Welche Demütigung für die Spanier, die hier den eisernen Fuß Englands fest im Nacken haben und nicht die Kraft besitzen, ihn abzuschütteln. Welcher Kummer auch für Frankreich, dessen beiderlei Flotten und Kriegshäfen, die mediterranen und die atlantischen, durch diese fatale englische Meerenge vollständig voneinander getrennt und isoliert werden! Man merkt es den englischen Soldaten, welche in Gibraltar umherstolzieren, an, daß sie sich gerade auf diesen Besitz nicht wenig zugute tun. 4—6000 Mann englische Garnison nebst vielen englischen Privatleuten, welche hier leben, würden uns hier mitten nach Großbritannien hinein versetzen, wenn nicht der überwiegende Teil der niederen Bevölkerung aus Spaniern bestände, und außerdem noch zahlreiche Araber von der gegenüberliegenden afrikanischen Küste, sowie ein höchst bunt gemischtes Kontingent von Bewohnern der verschiedensten Punkte des Mittelmeeres — Italiener, Dalmatier, Griechen, Türken, Ägypter, Algerier usw. die Bevölkerung von Gibraltar zu einer der buntesten und eigentümlichsten Europas machte. Ebenso eigentümlich ist auch der Charakter der Stadt selbst, welche an der nordwestlichen Seite liegt.

Sonntag, den 17. März, mittag 12 Uhr verließen wir den afrikanischen Boden und um 3 Uhr landeten wir in Gibraltar. Heute haben wir den höchst großartigen und interessanten Felsen mit seiner kolossalen Befestigung besucht. Heute und gestern fanden in unserem Hotel sehr lebhafte Debatten über Darwins Theorie statt, wobei mein eifrigster Gegner ein in der ganzen Welt umhergereister amerikanischer Methodistenprediger, mein wärmster Verteidiger ein australischer Farmer ist.

Wir werden nun von hier übermorgen nach Granada, dann nach Madrid gehen, wo wir die erste Woche im April zu bleiben gedenken. Am 15. April spätestens wollen wir in Paris sein, um noch 14 Tage der Weltausstellung zu schenken. In den letzten Apriltagen denke ich direkt von Paris nach Jena zu reisen, wo ich Euch alle im besten Wohlsein wiederzusehen hoffe. Es grüßt Euch bis dahin von Herzen

Euer treuer Haeckel.

IV.

Korfu

(1877)

In dem reichen Kranze von Inseln, welche die vielgestaltigen Gestade des Mittelmeeres säumen, ist manche edle Perle noch wenig bekannt. Während Kapri, Ischia und Sizilien jetzt alljährlich von zahlreichen Wanderern besucht werden, verirrt sich nur selten einer nach anderen Eilanden, die nicht weniger reich von der Natur ausgestattet sind. Zu diesen gehören die Jonischen Inseln und vor allen die Königin derselben, Korfu, das Kerkyra der alten Griechen (Corcyra der Römer). Zwar liegt Korfu mitten auf der großen Orientstraße, welche Triest und Brindisi mit Konstantinopel und Alexandrien verbindet, und jeder große Lloyd=Dampfer, der zwischen diesen Hauptplätzen fährt, legt auf Korfu an; auch zahlreiche andere Dampfschiffe, welche den Verkehr zwischen Brindisi und Athen, zwischen Ankona und Syra vermitteln, berühren die Hauptstadt der Jonischen Inseln. Aber von tausend Reisenden, welche jeden Monat diese vielbefahrenen Wasserstraßen passieren, ist kaum einer, der mehr als ein paar Stunden auf Korfu verweilte. Und doch ist ein Aufenthalt von mehreren Wochen auf dieser gesegneten Phäakeninsel höchst dankbar und belohnt den Wanderer, der ein offenes Auge für Naturschönheit besitzt, mit einer Fülle der herrlichsten Genüsse.

Seit mehr als 20 Jahren führen mich meine naturwissenschaftlichen Forschungen fast regelmäßig ein Jahr ums andere an das Mittelmeer, und wenn auf diesen Reisen auch mein zoologisches Spezialstudium, die Untersuchung niederer Seetiere, der Hauptzweck bleibt, so versäume ich dabei nicht noch, in den Mußestunden mir daneben Land und Leute zu betrachten und in meinen Skizzenbüchern mir feste Umrisse der Bilder zu sammeln, welche die unvergleichliche Mittelmeernatur in solcher unerschöpflichen Fülle spendet. So habe ich denn im Laufe der letzten Dezennien das klassische Meer unserer Kulturgeschichte von Nord nach Süd und von Ost nach West vielfach durchkreuzt. Nachdem ich nun die verschiedensten Seiten desselben einerseits in Marokko und Spanien, andererseits in Ägypten und Kleinasien kennen gelernt, nachdem ich die klassischen Küsten von Italien und Ligurien, von Dalmatien und Griechenland durch=

streift, glaubte ich endlich ein ziemlich vollständiges Bild von der mediterranen Natur- und Menschenwelt gewonnen zu haben. Und siehe da, diesen Frühling führt die Sehnsucht nach ionischen Medusen mich nach Korfu und Zephalonia, und wieder entrollt sich ein neues, herrliches Gemälde vor dem überraschten Blick! Alles, was uns an der Mittelmeernatur besonders anmutet und was ihr das eigene Gepräge aufdrückt, das finden wir hier in einem harmonischen Charakterbilde vereinigt: mannigfaltige Küstenplastik mit tief eingeschnittenen Buchten und weit vorspringenden Landzungen; langgestreckte Gebirge mit schön geschwungenen Profilen, und schroffe, phantastisch geformte Felsenfesten am Strande — alles mit den zartesten und wärmsten gelblichen und rötlichen Farbentönen bemalt — dazu das tiefblaue Meer mit seinem leuchtenden Himmelsdach, — ferner die charakteristische Mediterran-Vegetation: silbergraue Olivenwälder mit schwarzen Zypressensäulen, Orangenhaine, die gleichzeitig mit duftigen weißen Blüten und süßen, goldenen Früchten geschmückt sind, hier und da schlanke Dattelpalmen und schirmförmige Pinien, immergrüne Eichen und Lorbeeren, Erika- und Erdbeerbäume; dazu ein Blumenteppich, der im März und April aus den prachtvollsten Anemonen und Narzissen, Orchideen und Lilien, Veilchen und Rosen zusammengewebt ist! Alle Schätze der mediterranen Natur bietet Korfu in eigentümlicher Fülle und Anmut vereinigt, als ob hier Orient und Okzident zum Austausche ihrer Gaben sich die Hand reichten. Und so erscheinen auch die Menschen, welche dieses herrliche Eiland bevölkern, als eine Mischung von Ost und West, von morgenländisch-griechischer und abendländisch-fränkischer Natur, ein Mischvolk von zentral-mediterranem Charakter.

Wenn ich es nun versuche, hier in kurzen Zügen die Eindrücke wiederzugeben, welche ein Aufenthalt von 7 Wochen auf Korfu mir hinterlassen hat, so möchte ich freilich gern danach streben, dem Leser ein vollständiges und abgerundetes Gesamtbild vorzuführen. Liegt ja doch darin gerade ein besonderer Reiz aller Inseln, daß sie in einem festen Rahmen uns ein geschlossenes, in sich abgerundetes Charakterbild vor Augen stellen, eine geographische Individualität, in der jeder Teil, wie in einem individuellen Organismus, feste Beziehungen zu allen anderen und zum Ganzen hat. Um aber diesen individuellen Typus, wie ihn jede reich entwickelte Insel besitzt, naturgemäß und erschöpfend darzustellen, dazu gehört nicht allein ein längerer Aufenthalt, als mir leider beschieden war, sondern auch eine geschicktere Feder, als mir zu Gebote steht. Teneriffa von Leopold Buch, Kapri und Korsika von Ferdinand Gregorovius, Kreta von Franz Löher sind solche mustergültige Inselbilder, mit denen wir nicht wetteifern können. Und so bitte ich meine Leser, mit der unvollkommenen Skizze fürlieb zu nehmen, die ich ihnen hier mit bestem Willen zu bieten vermag. Ihr Zweck würde erreicht sein, wenn sich dadurch einer oder der andere verleiten ließe, selbst die glücklichen Gestade der Phäaken aufzusuchen! Ganz besonders gilt das für die Maler; denn für diese — sowohl

Landschafts- als Genremaler — ist Korfu ebenso wie Korsika eine unerschöpfliche, noch kaum berührte Quelle der dankbarsten Stoffe. Statt immer wieder die abgegriffenen, tausendfach wiederholten Veduten von Rom und Neapel uns vorzuführen, sollten unsere besten Maler nach Korfu und Korsika pilgern; sie würden reichlich belohnt werden.

Die Reise nach Korfu ist ja so leicht! Wer nicht seescheu ist, fährt von Triest direkt auf dem trefflichen Lloyd-Dampfer dahin in 48—50 Stunden; manchmal, wenn das Glück gut ist, sogar in kürzerer Zeit, wie ich denn auf der Hinreise, eine kräftige Bora im Rücken, nur 44 Stunden brauchte. Die Fahrt durch die Adria gehört zu den angenehmsten Seereisen. Hat man Triest um Mittag verlassen, so genießt man am Nachmittage den Anblick der istrischen Küsten und der sie schmückenden Städtchen, unter denen sich namentlich Pirano mit seinen mittelalterlichen Türmen und Mauerkronen auszeichnet. Wendet man sich zurück, so erfreut sich das Auge an der langgestreckten Kette der Venezianer und Ampezzaner Alpen mit ihren vielzackigen Gipfeln und Schneezinnen. Am späteren Nachmittage hüllen sich letztere in den zartesten rosigen Duft und schimmern bei Sonnenuntergang in prächtigem Purpurglanz. In der Nacht passieren wir den Quarnero und am andern Morgen fahren wir der dalmatischen Küste entlang, über deren Inseln und Halbinseln sich die wilden Gebirge von Bosnien und der Herzegowina erheben, gerade jetzt der Schauplatz einer neuen Szene in dem rätselvollen orientalischen Drama. Gegen Mittag fährt unser Dampfer zwischen den schöngeformten duftigen Rosmarin-Inseln Lissa und Lesina hindurch. An Bord unseres Schiffes befand sich zufällig ein österreichischer Marineoffizier, der hier 1866 auf dem Flaggenschiff unter Tegethoffs Führung an der ruhmvollen Seeschlacht teil nahm; er konnte uns die wichtigsten Punkte des marinen Schlachtfeldes zu unserer Rechten zeigen und ihre spannendsten Akte erzählen. Zur Linken aber sendete ich Grüße nach dem lieben Lesina hinüber, wo ich vor 6 Jahren im Franziskanerkloster vier höchst originelle Wochen verlebte und der Gastfreundschaft des trefflichen Padre Buona Grazia durch eifrige Studien über die Gastrula mich würdig zu zeigen suchte. Weiter fahren wir zwischen den Inseln Curzola und Gazza hindurch, lassen Lagosta zur Linken liegen und erblicken bald zur Rechten in weiter Ferne das einsame, unbewohnte Felseneiland Pelagosa. Auf dieser öden Klippe wurde kürzlich ein Leuchtturm errichtet, und das gab Veranlassung zu einer negativen Besitz-Kontroverse zwischen der österreichischen und der italienischen Regierung; denn keine von beiden wollte den toten Felsen in Besitz nehmen und die Kosten der Laternenunterhaltung tragen. Ein wenig weiter taucht in blauer Ferne rechts an der italischen Küste ein langer Bergrücken empor; das ist der heilige Monte Gargano, der sich steil aus der apulischen Tafelebene, dem Tavoliere di Puglia erhebt, der „Sporn am Stiefel Italiens". Hier liegt einsam und verlassen am Weststrande der Adria die ehrwürdige Hohenstaufenstadt

Manfredonia. Darüber nördlich erhebt sich der Engelberg oder Monte S. Angelo. In einer Grotte desselben wird seit 13 Jahrhunderten das Bild des Erzengels Michael aufbewahrt und noch jetzt alljährlich von Tausenden frommer Pilger angebetet: einer der letzten Hoffnungsanker des heiligen Vaters, der sehnsüchtig aus dem Vatikan herüberblickt und die immer leerer werdende Kasse St. Peters mit den reichen Metallschätzen füllt, die hier jedes Jahr von Tausenden gläubiger Schafe dem drachentötenden Erzengel dargebracht werden.

Langsam zieht auch diese historische Küste an unserem Blicke vorüber, und da jetzt bis zum Abend kein weiterer Küstenpunkt unser Auge fesselt, behalten wir Muße genug, um über die Macht des menschlichen Aberglaubens nachzudenken, der noch heute wie vor 1300 Jahren — trotz Eisenbahnen und Telegraphen, trotz monistischer Philosophie und Deszendenz=Theorie — die große Mehrzahl der Menschen einem Dogma beugt, das nur der Herrschsucht ihrer Priester zum Vorteil gereicht.

Nach Einbruch der Dunkelheit wurden wir durch eine andere Erscheinung beschäftigt. Der frische Nordwind hatte sich gelegt, der Meeresspiegel sich geglättet, und bald stiegen Tausende von Medusen und Krebsen, Würmern und Infusorien aus der Tiefe an die Oberfläche empor und wetteiferten, um uns durch reiche Lichtspenden das herrliche Schauspiel des Meeresleuchtens zu gewähren. Stundenlang verweilten wir noch auf dem Verdeck, um die unendlich mannigfaltigen Lichtfiguren dieses zoologischen See=Feuerwerks zu bewundern und im Kielwasser des Dampfers die weit zurückreichende Funkenflut zu verfolgen.

Als wir am folgenden Morgen das Deck betraten, erblickten wir bereits vor uns zur Rechten das ersehnte Reiseziel, zur Linken die öde, steil aufsteigende Felsenküste des türkischen Festlandes südlich vom Kap Linguetta. Beide nähern sich zusehends, und wir treten in den engen, kaum 1 Stunde breiten „Kanal von Korfu". Die Nordküste der Insel, die wir unmittelbar vor uns haben, entfaltet ihre Reize, je mehr wir uns ihr nähern. Über steilem, felsigem Strande erblicken wir grünes Vorland mit Olivenhainen, aus denen weiße Dörfchen hervorschimmern; stolz erhebt sich darüber der höchste Berg der Insel, der bis über 3000 Fuß aufsteigende Monte Salvatore oder Erlöserberg, mit dem altgriechischen Namen Pantokrator, Allbeherrscher. Dieser gewaltige Bergrücken zieht wie eine hohe Schutzmauer durch den ganzen nördlichen Teil der Insel von Ost nach West, an beiden Enden in einen flachen Spitzkegel sich erhebend, der ihm eine sehr charakteristische Gestalt verleiht: eine Festungsmauer mit zwei symmetrisch abschließenden Turmzinnen. In der Tat bildet dieser mächtige, steile Wall eine sichere Schutzwehr für den mittleren Teil der Insel, und indem er alle kalten Nordwinde von ihm abhält, trägt er nicht wenig zu seinem warmen Klima bei. Dieser Nordmauer gegenüber erhebt sich im südlichen schmäleren Teile von Korfu ein anderer hoher Berg, der in ähnlicher Weise den von Süden kommenden Schirokko ab=

wehrt, jedoch wenig über 2000 Fuß Meereshöhe erreicht: der Zehnheiligen=Berg (Monte Deca, eigentlich Oros hagion deca). An den beiden entgegengesetzten Enden der schmalen, langgestreckten Insel (deren Gesamtform gewöhnlich mit einer umgelegten 7 verglichen wird), nordwärts vom Salvatore und südwärts vom Monte deca, finden wir nur flaches, dünn bevölkertes, zum Teil sumpfiges Vorland. Zwischen beiden Bergmauern aber mitteninne liegt der reich gesegnete Mittelteil der Insel, das wahre „Paradies der Phäaken". Die geschützte Lage desselben wird dadurch noch besonders begünstigt, daß auch nach den anderen Himmelsgegenden hohe Berge vorliegen. Westwärts steigt der Felsenleib der Insel selbst steil aus dem Meere empor, mit einer Reihe malerischer Bergkuppen gekrönt. Ostwärts aber wird das sanft geneigte und in eine blühende Gartenfläche ausgebreitete Hügelland dadurch geschützt, daß das gewaltige Gebirge der nahen Terrafirma von Epirus nur wenige Meilen entfernt ist, die akrokeraunischen Bergzüge, und dahinter aufsteigend die großartigen Gipfel der Kondovuni. Die vielgestaltigen, schneebedeckten, in den schönsten Formen wetteifernden Häupter dieser letzteren geben für die meisten Landschaftsbilder von Korfu einen unvergleichlichen Hintergrund. Zugleich treten aber die vielfach geklüfteten und tief eingeschnittenen Buchten des albanesischen Festlandes nord= und südwärts so weit vor, daß sie sich den gegenüberstehenden Enden der sichelförmig gekrümmten Insel beträchtlich nähern. Dadurch gewinnt die weite, von beiden eingeschlossene Bai von Korfu ganz das Aussehen und den landschaftlichen Charakter eines gewaltigen Gebirgssees — unstreitig ein Hauptreiz dieses wundervollen und großartigen Bildes. Die Täuschung ist um so vollständiger, als von der Stadt aus die nördliche Einfahrt in den Kanal durch übereinandergeschobene Kulissenvorsprünge völlig geschlossen erscheint, die kleine Lücke der weiteren südlichen Ausfahrt aber sich im Dufte der blauen Ferne verliert. So stellt sich denn der ganze Golf von Korfu als ein ovaler, rings von hohen Bergketten umschlossener Binnensee von 2—3 geographischen Meilen Breite, 5—6 Meilen Länge dar, nicht weniger umfangreich, großartig und malerisch als der Genfer See oder der Gardasee.

Dem mächtigen Schutze, welchen die gewaltigen Ringmauern der Gebirge diesem herrlichen Becken gewähren, verdankt Korfu auch zum großen Teile sein mildes Klima. Schnee fällt nur bisweilen oben auf den Bergen, und Eis gehört im mittleren Teile der Insel zu den größten Seltenheiten. Die mittlere Jahrestemperatur (entsprechend der der Quellen) beträgt zwischen 13 und 14° R. Mitten im Winter herrscht hier wochenlang warmes, sonniges Wetter, welches unseren Junitagen gleicht. Welche zauberhafte Überraschung, wenn man im Schneegestöber über den rauhen Karst nach Triest gelangt ist, und sich dann nach zweimal 24 Stunden plötzlich auf Korfu in den lachendsten warmen Frühling versetzt sieht! Der eigentliche Frühling von Korfu hat die Temperatur unseres Sommers.

Dafür wird dann freilich im eigentlichen Sommer die Hitze auch unerträglich, und wer irgend kann, flüchtet auf die kühleren Höhen der Berge. Schon im Mai treten hier die wahren Hundstage ein. Die unverhüllte Sonne schießt 3—4 Monate lang glühende Pfeile vom wolkenlosen, tiefblauen Himmel; alle Bäche trocknen aus und aller grüne Rasen wird verbrannt. Nur die immergrünen Sträucher und Bäume behalten ihren Blätterschmuck. Aber schon die ersten Regengüsse des Herbstes, welche meistens um Mitte September erscheinen, locken neue Blätter aus dem erhitzten Boden, und während des ganzen Winters prangt die Erde im frischen Grün und bunten Blumenschmuck.

Wegen dieses milden Winters und der weichen, feuchten Seeluft eignet sich Korfu trefflich zum Winteraufenthalt für Brustleidende. Von solchen wird es in den letzten Jahren in steigender Zahl aufgesucht, ebenso wie Ajaccio auf Korsika; und wie in letzterem Orte das treffliche deutsche Hotel Diez, so bietet in Korfu das ausgezeichnete Hôtel Bella Venezia, von den Gebrüdern Gazzi gehalten, und teilweise mit deutscher Bedienung, alle Bequemlichkeit und allen Komfort, den sich Kranke und Gesunde nur wünschen können. Der tägliche Pensionspreis beträgt hier 10 Francs. Das Hotel liegt sehr angenehm, die Front nach der Esplanade, gegenüber die Zitadelle, und in wenigen Schritten erreicht man die steil ins Meer fallende nördliche Hafenbastion. Hier prangt auf einem der schönstgelegenen Häuser, dessen Veranda lieblich mit Blumen geschmückt ist, der deutsche Reichsadler in stattlichem Wappenschilde. Es ist das Haus des vortrefflichen deutschen Konsuls, Herrn Fels, der seinen Landsleuten hier in freundlichster Weise behilflich ist. Von der hohen, wenige Schritte entfernten Mauer der Hafenbastion genießt man eine entzückende Aussicht über das ganze weite Seebecken von Korfu.

Die Stadt selbst liegt an der Westküste dieses herrlichen Sees, auf dem felsigen Vorsprunge einer vielfach eingeschnittenen Halbinsel. Korfu ist nicht allein die politische Hauptstadt der Jonischen Inseln, sondern zugleich die bei weitem größte, belebteste und zivilisierteste Stadt derselben, mit ungefähr 25000 Einwohnern. Ihr Anblick, wenn man sich ihr vom Norden nähert, ist entzückend und wird von vielen Reisenden als „eines der bezauberndsten Bilder der Levante" gepriesen. Diesen eigentümlichen Zauber bedingt vorzugsweise die üppige Fülle der südlichen Vegetation, welche die stolzgelagerte Bergstadt umschließt, sowie die plastische Konfiguration der felsigen Halbinsel, deren höchster Vorsprung die Zitadelle trägt, die sogenannte „Fortezza vecchia". Die alten Mauern und Türme dieses ansehnlichen Kastelles sind ungemein malerisch auf dem steilen Felsgrate verteilt und drücken allen Ansichten der Stadt Korfu ihren charakteristischen Stempel auf. Diese natürliche Felsenburg mit ihren beiden stolzen Gipfeln ist es auch, welche dem alten Kerkyra seinen neuen Namen Corfus (= „Korophus") gegeben hat. Denn Korophus (Akkusativ) bedeutet „Gipfel". Die steilen Flanken des Felsens sind mit

Efeu, Opuntien, Agaven, duftigen Blumen und Rankengewächsen reich geschmückt. Auf einem tiefer gelegenen Vorsprung steht eine Kirche mit Säulenhalle, die geschickte Nachahmung eines altgriechischen Tempels, gegenwärtig als Garnisonkirche für die Besatzung der Feste benutzt. Eine Hauptzierde aber dieses Bildes, wie der meisten korfiotischen Landschaften, sind die zahlreichen schwarzen Zypressen, welche überall in Gruppen verteilt dem farbenglänzenden Gemälde Tiefe und Kraft verleihen.

Wahrhaft großartig und prächtig ist die Aussicht vom höchsten Punkte der Zitadelle, deren Besuch auch nicht der vorübereilende Wanderer, der nur wenige Stunden weilt, versäumen sollte. Hier umspannt unser Blick mit einem Male den ganzen herrlichen Gebirgssee, zu unseren Füßen die schimmernde weiße Stadt mit ihren Mauern und Türmen, ringsum das reiche, mit dem üppigsten Grün geschmückte Gartenland, Ölwälder mit eingestreuten Zypressen, Orangen- und Limonenhaine, hier und da Wein- und Kornfelder; freundliche weiße Dörfchen allenthalben zerstreut, von zierlichen griechischen Glockentürmen überragt; und das alles übergossen vom Schimmer der hellenischen Sonne und gesättigt mit den wärmsten Farben, alles gehoben von dem tiefen Blau des Meeres und eingeschlossen in den schneebedeckten Gebirgskranz. Und dazu eine friedliche, stille Bevölkerung, die im sorglosen, behaglichen Stilleben ihre Tage nach Art ihrer phäakischen Vorfahren verträumt, deren einzige Sorge der gute Ausfall der Olivenernte, des Hauptreichtums der Insel, bildet.

Die Stadt Korfu selbst bietet wenig Bemerkenswertes dar. Wie bei den meisten Städten des Orients entspricht das schmutzige, enge und unwohnliche Innere wenig dem bestechenden Glanze des äußeren Anblicks. In dem Labyrinthe von engen, winkeligen Gassen, die steil, zum Teil auf Treppen, bergan steigen und wunderlich durcheinander und übereinander laufen, kann sich der Fremde selbst nach wochenlangem Umherirren schwer orientieren. Auch die sogenannten Hauptstraßen der Stadt sind nicht gerade glänzend und nur durch die Reihen von venetianischen Säulenhallen ausgezeichnet, ähnlich wie die Portikus von Bologna. In den offenen Läden zu ebener Erde sieht es so farbenreich aus, wie in einem orientalischen Basar. Früchte aller Art, Öl, Käse, Tabak, Mais, Honig und die verschiedensten Hausutensilien werden da bunt durcheinander feil gehalten. „Pantopolion" (oder Laden für alles) heißen diese vollgestopften Magazine. Die griechischen Überschriften anderer Läden zeichnen sich durch ihre hübsche Zusammensetzung aus, so z. B. „Arabositocapnopolion", d. h. Verkauf von Mais (arabischem Korn) und Tabak. Buntes orientalisches Leben wogt in diesen engen Gassen durcheinander; und wie sich in jeder Beziehung Orient und Okzident in Korfu die Hand reichen, so ist auch die Bevölkerung seiner Gassen ein sonderbares Gemisch von Italienern und Griechen, Dalmatinern und Türken. Am meisten zeichnen sich durch ihre malerische Nationaltracht die Albanesen und die Griechen des Peloponneses aus, einen roten Fes mit blauer Quaste auf dem Kopfe, einen Schafspelz oder eine gestickte bunte Jacke um die Schultern; um die Lenden den weiten, weißen, faltenreichen Leibrock (Fustanella), der durch einen breiten roten Gürtel zusammengehalten wird, und in diesem letzteren ein ganzes Arsenal von alten Messern, Dolchen, Pistolen usw.; an den Füßen Sandalen oder gelbe, vorn hoch aufgebogene Schnabelschuhe. Als besondere Charakterfiguren fallen uns die zahlreichen griechischen Geistlichen auf, malerische Gestalten in langem, faltigem schwarzem Talar mit breitem Gürtel, auf dem Haupte eine hohe, schwarze Tiara von der Form eines Zylinders mit verengter Mitte; die meisten von diesen Popen, namentlich alle älteren, tragen sehr lange, oft bis über den Gürtel herabwallende Bärte, die ihnen trotz ihres habituellen Schmutzes ein ehrwürdiges Ansehen verleihen. Dazwischen erblicken wir häufig im Gewühl der Gassen lässig umherschlendernde türkische Marinesoldaten und Matrosen von einem Kriegsdampfer der Pforte, der in Korfu Kohlen einnimmt; nicht minder oft stramme englische Seesoldaten von einem hier stationierten Panzerschiffe, ferner Matrosen der verschiedensten europäischen Nationen, deren Schiffe im Hafen ankern. Auch an einzelnen Negern, Ägyptern, Armeniern und anderen Figuren des Orients fehlt es in dem Gassengewühl von Korfu nicht; dazwischen zeigen englische, deutsche und österreichische Touristen regelmäßig die Ankunft eines griechischen oder eines Lloyd-Dampfers an.

Bei dieser Mischung der verschiedensten europäischen Elemente geht es in den engen Gassen von Korfu ziemlich laut zu. Doch fehlt das tosende Getümmel und das vielstimmige Geschrei, das den Verkehr in den süditalischen Städten charakterisiert; das ruhige und gelassene Gebaren des Orients herrscht bereits vor. Auch ist die eingeborene Bevölkerung nicht zudringlich und dem Fremden lästig, sondern höflich und eher zurückhaltend. Die Landessprache ist eine Mundart des Neugriechischen. Italienisch wird daneben viel in der Stadt, auf dem Lande aber nur von den Gebildeten gesprochen. Doch trat selbst im ionischen Parlamente erst 1851 das Neugriechische an Stelle des Italienischen. Übrigens schmeichle sich niemand mit der Hoffnung, seine guten Kenntnisse des Altgriechischen für das Verständnis dieses neugriechischen Dialekts verwerten zu können. Da hilft weder Homer noch Thukydides! Nicht allein ist die Aussprache gänzlich verschieden, sondern auch die Grammatik ist sehr verändert und viele der gebräuchlichsten Wörter ganz abweichend, wie z. B. Wasser = Neró altgr. Hydor), Wein = Krassi (altgr. Oinos), Brot = Psomi (altgr. Artos).

Wenn auch die Bevölkerung von Korfu zum größeren Teile griechischen Ursprungs ist, so erscheint das hellenische Element doch hier nicht weniger als in anderen Teilen Griechenlands mit fremden Zuflüssen vermischt. Ein wirklicher Stammbaum der korfiotischen Bevölkerung, namentlich der Stadt, würde gewiß die wunderlichste Zusammensetzung ergeben. Vermöge ihrer günstigen Lage und natürlichen Beschaffenheit war die Insel schon seit grauem Altertum der zentrale Knotenpunkt für die adriatisch-mediterrane Schiffahrt, und insbesondere für den nachbarlichen Verkehr zwischen Italien und Dalmatien einerseits, Griechenland und der Türkei anderseits. Das Aufblühen der Dampfschiffahrt konnte den regen maritimen Verkehr nur steigern, und so hat denn namentlich der österreichische Lloyd hier schon seit mehreren Dezennien eine seiner wichtigsten Stationen.

Aber auch davon abgesehen, hat schon der vielfache Wechsel der Besitzer und Beherrscher von Korfu viel zur Mischung der Bevölkerung beigetragen. Nächst dem griechischen Element ist bei weitem am mächtigsten das italienische; aber auch das jüdische ist stark vertreten, in geringerem Maße das türkische und slawische. In neuester Zeit hat auch der germanische Stamm einen Beitrag geliefert, indem die Insel ein halbes Jahrhundert hindurch unter dem Protektorat der Engländer stand. Spuren dieser mannigfaltigen Schicksale sind ebenso an der Bevölkerung wie am Lande selbst allenthalben sichtbar. Verhältnismäßig gering ist die Zahl der Altertümer, obwohl zu vermuten steht, daß erneute sorgfältige Nachgrabungen auch hier noch viel Merkwürdiges zutage fördern werden. Darauf deuten zahlreiche Münzen und Bruchstücke von Marmorskulpturen, welche gelegentlich beim Umgraben in Gärten und Feldern gefunden werden. Einzelne, zum Teil sehr schöne Fragmente sind im Besitze des deutschen Konsuls, Herrn Fels. Von größeren Altertümern ist wenig erhalten: unbedeutende Reste eines alten griechischen Tempels und ein vor der Stadt gelegenes Grabmal des Menekrates. Oft hat Korfu im Altertum und Mittelalter seinen Herrn gewechselt. Korinth, Athen, Sparta haben es abwechselnd besessen. Dann geriet es unter die Herrschaft der Mazedonier, später der Römer. Im Mittelalter haben die Byzantiner, die Normannen, die Osmanen und die Venezianer hier festen Fuß zu fassen gesucht. Jeder Besitzer hat Spuren seiner Herrschaft hinterlassen. Ganz vergeblich würde dagegen der begeisterte Leser des Homer hier wie auf den anderen ionischen Inseln nach wirklichen echten Resten aus den Zeiten der Odyssee suchen; und wenn die Sage Korfu mit dem Scheria des Homer identifiziert, und eine de lieblichsten Episoden der Odyssee — das Zusammentreffen des schiffbrüchigen Odysseus mit der Königstochter Nausikaa — an das Flüßchen Potamó, eine Stunde von der heutigen Stadt Korfu, verlegt, so ist diese artige Lokalisation der alten Heldensage zwar durch die unvergleichliche Schönheit und Üppigkeit der angeblichen Phäakeninsel völlig gerechtfertigt, aber durch keine handgreiflichen Dokumente, durch keine Überbleibsel von Bauten, Waffen oder Gerätschaften aus der mythischen Alkinooszeit irgendwie bewiesen.

Zahlreich sind dagegen noch heute die mittelalterlichen Denkmäler, welche an die 400jährige Herrschaft der Venetianer über Korfu erinnern. Der geflügelte Löwe von San Marco prangt noch immer auf zahlreichen Steintafeln, welche in die Festungsmauern, die Stadttore, die Hafenwände und Türme eingelassen sind. San Marco heißt noch heute ein reizendes Dorf am südlichen Abhang des Monte S. Salvatore; auch viele andere Dörfer führen venetianische Namen. Wie überall, wo die stolze Dogenrepublik geherrscht, so hat sie auch hier mit rücksichtsloser Grausamkeit und Härte das eingeborene Element sich zu unterwerfen und zu amalgamieren versucht. Nachdem Venedig einmal erst die Insel besetzt, die außerordentlichen Vorzüge ihrer Lage und ihre hohe strategische Bedeutung erkannt hatte, schuf es alsbald aus der Phäakeninsel einen Waffenplatz ersten Ranges; und dieser war ihm bei seinen ferneren Unternehmungen im Mittelmeer und namentlich beim weiteren Vordringen in die Levante vom höchsten Nutzen. Die Stadt selbst wurde mit festen Mauern und Türmen, mit Wall und Graben umgeben, der natürliche Hafen künstlich erweitert und befestigt. Die größte Sorgfalt aber verwendeten sie auf die Befestigung der mächtigen Zitadelle, die durch einen tiefen Graben von der Stadt isoliert wurde. Diesen mächtigen Fortifikationen verdankte die Insel später ihre wiederholte Rettung vor den Türken. Der berüchtigte Seeräuber Barbarossa von Algier (Hairaddin), welcher die Stadt 1537 lange Zeit vergeblich belagerte und die ganze Umgegend verwüstete, mußte endlich unverrichteter Dinge wieder abziehen. Im Jahre 1716 wurde die Stadt aufs neue von 30000 Türken belagert und hart bestürmt. Kommandant der Festung war damals ein deutscher Reichsgraf, Johann Matthias von der Schulenburg. Dieser märkische Edelmann verteidigte die Feste mit nur 5000 Mann auf das ritterlichste gegen die osmanische Übermacht, und als Hunger, Krankheit und Bedrängnisse aller Art die verzweifelnde Stadt beinahe zur Übergabe drängten, flößte ihr der deutsche Held durch eine erdichtete Vision neuen Mut ein und vermochte sie zum Ausharren. Er gab an, daß ihm Sankt Spiridion, der Schutzheilige der Insel, im Traume erschienen sei und seinen Beistand verheißen habe. Der wiederholte Sturm der Türken wurde abgeschlagen, und sie mußten endlich abziehen, nachdem sie über die Hälfte ihres Heeres verloren.

Im Jahre 1797 ergriff Frankreich von Korfu, wie von den übrigen ionischen Inseln Besitz. Später versuchte Rußland, sich desselben zu bemächtigen. Endlich wurde 1815 im Wiener Frieden die ionische Republik gegründet und unter den Schutz Englands gestellt. Korfu wurde die Hauptstadt und der Sitz des ionischen Parlaments. Fast volle 50 Jahre dauerte das Verhältnis und gereichte der Insel zu großem Nutzen. Allerdings waren die meisten Jonier schon nach kurzer Zeit mit der britischen Oberherrschaft sehr unzufrieden, um so mehr, je eifriger sich die Engländer die Aufbesserung vieler verrotteter Zustände angelegen sein ließen. Aber das schnelle Wachstum des materiellen Wohlstandes und die auffallende Besserung vieler Mängel waren doch hinreichend starke Argumente, um die wachsende Antipathie der Jonier gegen die Engländer zurückzudrängen. Und als dann 1864 die britische Krone ihre Oberhoheit freiwillig an die griechische abtrat, als viele Korfioten laut über die vermeintliche Be=

freiung von der verhaßten Fremdherrschaft jubelten, da war diese Freude nur von kurzer Dauer, und bald kamen viele zu der Einsicht, daß die Insel dadurch mehr verloren als gewonnen habe.

In der Tat verdankt Korfu fast alles, was es an moderner Zivilisation und europäischem Komfort aufzuweisen hat, und wodurch es sich sehr auffallend vor den übrigen ionischen Inseln auszeichnet, der 50jährigen Herrschaft Großbritanniens. Mit der Energie und Umsicht, mit welcher die angelsächsische Rasse überall ihr eigentümliches Kolonisationstalent betätigt, hat sie auch hier in kürzester Zeit sehr viel geschaffen. Die Regierung und Verwaltung der Insel wurde vollständig reorganisiert, Schulen und andere Bildungsanstalten gegründet, der Ackerbau, Wein- und Ölkultur verbessert. In der Stadt wurden zahlreiche neue, stattliche und wohnliche Häuser gebaut. Die Esplanade, ein großer viereckiger Raum zwischen der Stadt und der Zitadelle wurde geebnet und zu einem reizenden Platze umgeschaffen, mit schattigen Baumalleen umgürtet und durchkreuzt, teilweise mit Gebüschen und Parkanlagen verziert. Er bildet noch jetzt den anmutigsten und größten Platz der Stadt, ist jederzeit von Spaziergängern und ruhenden Gruppen belebt und bei schönem Wetter der allgemeine Korso, das Stelldichein für die ganze schöne und elegante Welt von Korfu.

Am nördlichen Teile der Esplanade baute sich Sir Thomas Maitland, der erste Lord-Oberkommissär, ein stattliches Schloß, jetzt die königliche Residenz. In den reizenden Gartenanlagen, welche das Schloß umgeben, steht die Bronzestatue desselben Lords, feierlich in eine faltenreiche Toga gekleidet, wie ein altrömischer Redner. Zu seiner Ehre ist auch ein kleiner Rundtempel am Südende der Esplanade erbaut. Seinem Nachfolger, Lord Douglas, zu Ehren wurde daselbst ein Obelisk errichtet. Andere Denkmäler von bleibendem Werte, mit denen die Engländer Korfu beschenkten, waren die Anlagen von guten Chausseen und von einer ausgezeichneten Wasserleitung. Letztere ist über eine geographische Meile lang und führt eine reiche Fülle trefflichen Quellwassers von dem zwischen Benizze und Gasturi gelegenen Berge nach der Stadt; vorher hatte dieselbe an gutem Trinkwasser empfindlichen Mangel gelitten. Ganz besonderes Lob verdienen die ausgezeichneten Fahrstraßen, welche die Engländer durch alle Teile der gebirgigen Insel legten und welche bequem zu den schönsten Punkten führen.

Vorzügliche Sorgfalt verwendete die britische Regierung natürlich auf den Ausbau der Festungswerke. Unter geschickter Benutzung der älteren venetianischen Bauten wurde sowohl die Stadt selbst als besonders die Zitadelle auf das stärkste befestigt. Neue Forts und Außenwerke entstanden in der Umgebung der Stadt. Die kleine Insel Vido, ¼ Stunde nördlich vor derselben, wurde in ein mächtiges Außenfort verwandelt, alle Bastionen mit mächtigen Geschützen reichlich armiert. So lag denn Korfu wie ein kleines Gibraltar am Tore der Adria und beherrschte den Eingang zu diesem wichtigen Arme des Mittelmeeres vollständig. Die britische Seeherrschaft schien hier einen neuen gewaltigen Stützpunkt gewonnen zu haben.

Doch da geschah plötzlich das Unerwartete. Im Jahre 1864 erklärte die britische Krone, wohl aus Gründen der höheren Politik, daß sie das Protektorat der Jonischen Inseln aufgebe und an das Königreich Griechenland abtrete. Die furchtbaren Befestigungen, deren Herstellung ungeheure Summen verschlungen hatte, wurden in die Luft gesprengt, alles übrige, von England eingeführte Material fortgeschafft und bald war von den zahlreichen Schöpfungen der Engländer nur wenig mehr übrig. Mit der Garnison zogen auch die meisten englischen Familien wieder fort, die sich hier niedergelassen hatten und die alljährlich eine hübsche Summe Geld ins Land brachten. Die meisten Verbesserungen, die sie eingeführt hatten, verschwanden nach und nach, dank der unüberwindlichen Trägheit und Indolenz, mit der diese sorglosen Südländer in den Tag hinein leben und jeden Gedanken an die Zukunft von sich weisen. Sagt ja doch die charakteristische Lebensregel des Orients: „Was du morgen tun kannst, das tue heute nicht!" So verfiel denn eine schöne Einrichtung nach der andern; der gegenwärtige Zustand der herrlichen Bergstraßen, in denen beim Mangel der nötigen Reparaturen schon heute große Löcher und baufällige Stellen entstanden sind, zeigt deutlich, was von der Zukunft zu erwarten ist. Von dem intelligenteren Teile der Bevölkerung wird daher auch der Abzug der Engländer noch oft beklagt und die Zeit der britischen Vormundschaft erscheint ihnen schon heute, verklärt im Schimmer der Vergangenheit, wie das goldene Zeitalter der Insel. Wenn man über irgendeine unvollkommene oder unpraktische Einrichtung klagt, lautet die Antwort: regelmäßig: „Ja, zur Zeit der Engländer war das anders!" Ein alter Bauer versicherte mir sogar alles Ernstes, daß seit dem Abzuge der Engländer sich das Klima von Korfu wesentlich verschlechtert habe und daß die Olivenernten zu ihrer Zeit durchschnittlich viel reicher gewesen seien, als gegenwärtig!

Auf vielen der schönsten Punkte von Korfu hatten die Engländer anmutige Gärten und Villen angelegt, in denen sie während der heißen Jahreszeit die reizendste Villegiatur genossen. Wohl mancher Offizier und mancher Beamte, der jetzt unter dem ewig grauen Nebeldunst von London, vom Spleen geplagt, seine Tage verbringt, mag mit Sehnsucht an das verlorene Paradies seiner Villa in Korfu zurückdenken! Die großartigste derartige Villenanlage ist diejenige des Lord=Oberkommissärs, jetzt Villa reale oder Mon repos genannt. Wenn wir von der Esplanade nach dem Meere hinabsteigen und ½ Stunde südwärts am Strande hingehen, entlang den reizenden Villen und Gärten der Vorstadt Castrades, so gelangen wir auf eine zungenförmige Halbinsel, Ascesa. Diese prächtige, ½ Stunde lange Halbinsel bildet den östlichen Bord des längst verschlammten, alten Hafens (Porto vecchio, früher Kalikiopulo). Sie endigt mit einem reizenden Aussichtspunkte, nach der früher dort liegenden „One gun battery" jetzt nach „El Kanon" oder „Kanoni" genannt. Am Anfange dieser Halbinsel liegt nun die vorerwähnte Villa reale, eine Parkanlage voll der schönsten Bäume und Buschpartien, mit den herrlichsten Aussichtspunkten auf Stadt und See. Da finden wir nicht allein die überall auf der Insel kultivierten Bäume des Südens, Olive und Zypresse, Orange und Limone, Feige und japanische Mispel in ganz vorzüglichen Prachtexemplaren, dazwischen den überall mit Purpurblüten bedeckten Judasbaum (Cercis), sondern auch zahlreiche fremde Prachtbäume und Ziersträucher, die in dem subtropischen Klima dieser geschützten Lage trefflich gedeihen; so namentlich verschiedene Palmen und Baumlilien, Magnolien und Paulownien, Araukarien und Pittosporen, Pirkunien und Eukalyptus, dazwischen Bananen, Papyrus, Aloe, Glyzinia, Phormium usw. Inmitten dieser prachtvollen Vegetation erhebt sich auf dem ersten freien Hügelkopfe jener geschmackvolle Villenbau. Von der Plattform desselben genießt man eine der schönsten Aussichten: unmittelbar zu Füßen links das schattige Dickicht der üppigsten Vegetation, rechts die phantastisch zerrissene, steil aus dem Meer aufsteigende Felsenküste, dann die malerische Vorstadt Castrades mit ihren freundlichen Gärten und Villen, weiterhin die Zitadelle in ihrer ganzen Länge, wie ein schlafender Löwe vor den Toren der schimmernden Stadt ausgebreitet, endlich im Hintergrunde der stolze Rücken des Pantokrator mit seinen beiden Spitzkuppeln, und ringsumher der herrliche blaue Spiegel des großartigen Seebeckens, umschlossen von den schneebedeckten Bergen von Epirus. Hier soll der schimmernde Palast des gütigen Phäakenherrschers Alkinoos gestanden haben! Dr. Schliemann, der hier 1868 auf seiner ersten Reise ins homerische Land weilte, glaubt mit Bestimmtheit diesen Punkt, den Gipfel der paradiesischen Halbinsel, als denjenigen bezeichnen zu können, der vor allen anderen zur phäakischen Königsburg sich eignete. Und in der Tat, herrlich genug ist er dazu! Homerischer Sagenduft schwebt über diesem Paradiesgarten!

Die schönste Partie des königlichen Parkes liegt jedoch hinter dem Schloß, wo schattige Laubengänge und Treppenwege, ganz im dichtesten Gebüsch versteckt, die steilen Felsgehänge hinab zum Meere führen. Hier wuchert der Efeu, die Brombeere, die Stechwinde (Smilax) und manche andere Schlingpflanze in der üppigsten Pracht, alle die alten Baumstämme und Felsblöcke überziehend und umschlingend. Kaum kann ein Sonnenstrahl durch das dichte Laubdach hindurch dringen! Hier und da verlocken stille Lauben und anmutige Bänke zur Ruhe in diesem kühlen Asyl, dessen einsame Stille nur durch die rauschende Wogenmusik des nahen Strandes unterbrochen wird. Hier unten sind auch in einer reizenden Bucht die königlichen Bäder versteckt. Etwas weiterhin finden wir, wieder emporsteigend, neue herrliche Aussichtspunkte, von denen jeder das vorhin skizzierte Bild in neuer Umrahmung uns vor Augen stellt. Noch weiter auf der Höhe geht der königliche Park ohne scharfe Grenze in einen prächtigen, alten Olivenwald über, der den größten Teil der übrigen Halbinsel bedeckt. Folgen wir einem der Pfade, der uns über die nächsten Hügel derselben hinüberleitet, so öffnen sich uns neue prächtige Ausblicke, bald auf das blaue Meer zur Linken, bald auf den alten Hafen Kalikiopulo zur Rechten. Das weite Becken des letzteren konnte im Altertum eine ganze Flotte in seinen sicheren Schutz aufnehmen, und längs seines Ufers erstreckte sich die alte Hafenstadt Paläopolis. Jetzt ist keine Spur mehr von ihr vorhanden, und der schöne Hafen ist völlig verschlammt. Teilweise wird er zur Austernzucht, teilweise zur Salzgewinnung benutzt. Reizende Gärten und stille Olivenhaine bedecken die lieblichen Ufergehänge, auf denen einst die Schifferbevölkerung der alten Kerkyra ihren emsigen Handel trieb. Vor dem engen Eingang des alten Hafens aber liegt in entzückender, weltvergessener Einsamkeit eine malerische kleine Insel, und auf derselben ein altes Kloster, in dichtem, immergrünem Gebüsch halbversteckt, überragt von zahlreichen schlanken Zypressen. Das liebliche kleine Eiland führt den Namen Mäuse-Insel oder Ponticonisi. In einem benachbarten Felsen erblickt die Sage jenes versteinerte Schiff der Phäaken, in welchem Odysseus von Scheria nach seiner Heimat zurückgeführt wurde und welches zur Strafe dafür der erzürnte Erderschütterer Poseidon in einen Felsen verwandelte, als es bei der Rückkehr in den heimischen Hafen einfahren wollte. Der Blick von der Kanonenspitze auf diese einsame Insel mit ihrem Kloster und Zypressengarten, darüber emporragend der edelgeformte Kreuzberg (Monte stavro), gehört zu den schönsten Ansichten der Insel und ist das gewöhnliche Ziel der kleineren abendlichen Spazierfahrten. An schönen Frühlings- und Herbstabenden ist die reizende Fahrstraße längs des alten Hafens so belebt wie ein Korso.

Bei den weiteren Exkursionen, welche wir von der Stadt Korfu aus nach verschiedenen Teilen der Insel unternehmen, benutzen wir die schönen, von den Engländern kunstgerecht angelegten Landstraßen. Zahlreiche anmutige Fußpfade biegen rechts und links von denselben ab und führen in die Berge hinein. Alle diese größeren und kleineren Wege sind schon an sich des Besuches wert, ganz abgesehen von ihrem Ziele; denn entweder führen sie längs des malerischen Meeresufers hin, eine Fülle reizender Aussichten und Durchblicke auf Meer und Gebirge gewährend; oder sie durchschneiden den herrlichen Ölwald, der den größten Teil der Insel bedeckt. Denn der wichtigste Baum von Korfu ist die Olive, und wie aller Handel und Wandel der Insel sich um dieses segenbringende Geschenk der Athene dreht, wie die Olivenkultur und die Ölbereitung die Lebensweise und den Charakter ihrer friedlichen Bewohner bedingt, so ist der Ölbaum auch die wahre Charakterpflanze der korfiotischen Landschaft; er drückt ihr überall ihr eigentümliches Gepräge auf. Das liegt nun nicht allein daran, daß der weitaus größte Teil des Kulturlandes mit Oliven bepflanzt ist, sondern mehr noch und ganz besonders daran, daß dieser edle Baum hier eine Größe, Schönheit und Entfaltung erreicht, wie wohl an keiner anderen Stelle der Mittelmeerküste, vielleicht an keinem anderen Orte der Welt. Ich wenigstens habe weder in Italien und Griechenland, noch selbst in Kleinasien, dem Vaterlande des Ölbaums, irgendwo solche Prachtexemplare desselben gesehen, wie sie auf Korfu — nicht einzeln, sondern zu Hunderten! — zu finden sind. Ich hatte früher einmal gelesen, daß die alten Ölbäume von Korfu allein schon eine Reise nach dieser Insel wert seien; und obwohl ich damals diesen Ausspruch übertrieben fand, so kann ich ihn jetzt doch nur unterschreiben!

Im allgemeinen gilt die Olive als kein besonders schöner Baum. Zwar wird der feiner empfindende Landschaftsmaler gewiß zugeben, daß sein stilles graues Laubwerk die lebhaften und warmen Farben der Mittelmeerlandschaft angenehm dämpfe, und daß seine phantastische Stammbildung und Verzweigung sich vortrefflich zu Vordergrundstücken eigne. Aber eine so beherrschende Rolle, wie Pinie und Palme, spielt die Olive auf landschaftlichen Charakterbildern gewöhnlich nicht. Hier auf Korfu ist das anders. Hier ringt sich der Ölbaum zu selbständiger Haltung empor und ein genialer Landschafter wird hier Stoff zu Hunderten reizender Bilder finden, auf denen die Olive nicht als Nebensache, sondern als Hauptobjekt wirkt. Obschon ich auf meinen früheren Mittelmeerreisen dem Ölbaum stets ein besonderes Interesse zugewendet und mich an seiner ebenso mannigfaltigen als phantastischen Gestaltung ergötzt hatte, so habe ich ihn doch erst auf Korfu wahrhaft lieben und bewundern gelernt. Mir sind keine Landschaftsbilder bekannt, welche ihn in solcher Vollkommenheit darstellten. Die berühmten Olivenwälder von der Riviera und vom Sabinergebirge, und selbst der heilige Ölhain von Athen können sich mit denjenigen von Korfu nicht messen. Auch die vortrefflichen Darstellungen, welche uns der geniale Friedrich Preller in seinen klassischen Odyssee-Landschaften geschenkt hat, reichen nicht an die Wirklichkeit von Korfu heran; wenn er die Phäaken-Insel selbst besucht hätte, würde er uns sicher noch durch ganz andere Prachtbilder von Oliven erfreut haben.

Die Ursachen, welche den segenspendenden Baum des Friedens hier zu solcher ganz ungewöhnlichen Entwickelung getrieben haben, sind mancherlei. Zunächst wird natürlich Klima und Bodenbeschaffenheit dabei beteiligt sein. Die Olive liebt warmen Kalkboden und feuchte Seeluft. Beides genießt sie hier in vorzüglicher Qualität. Noch mehr aber ist die Züchtungskunst des Menschen dabei wirksam. Während nämlich an den meisten Orten der Ölbaum stark beschnitten, oft ganz monströs verunstaltet wird, während man durch beständige Verkürzung der Zweige und Beschränkung der Blattbildung den Ertrag der Frucht zu mehren bemüht ist, so läßt man dagegen auf Korfu seinem Wachstum freien Lauf. Weder beschränkt man das Höhenwachstum des Baumes, noch die Ausbreitung der mächtigen, vielverzweigten Äste, und so gewinnt der Baum hier einen Umfang und eine Ausdehnung, von der man anderwärts keine

Vorstellung hat. Die gewöhnlichen mehr oder minder verschnittenen Ölbäume Italiens und Griechenlands verhalten sich zu diesen unverstümmelten Riesen von Korfu wie unsere elenden, abgestutzten und verkrüppelten Korbweiden zu dem mächtigen Prachtbaum, den die alte, unberührte Waldweide hie und da an bewaldeten Flußufern unsres Vaterlandes darstellt. Dieser Vergleich ist um so mehr gerechtfertigt, als ja überhaupt die typische Vegetationsform der Weide derjenigen der Olive am nächsten steht, sowohl was den knorrigen, phantastisch geformten Stamm und die schön geschwungenen Äste, als was die matte Färbung des lockeren Laubwerks betrifft. Nur ist hinzuzufügen, daß diese in der farbenprächtigen Landschaft des warmen Südens eine ganz andere, eigentümlich temperierende Stimmung erzeugen, als in unserem Norden, wo ohnehin meist alles grau in grau gemalt ist.

Die Bäume in den Olivenwäldern von Korfu sind meistens in so weiten Abständen gepflanzt, daß sie sich nach allen Richtungen frei ausbreiten können und daß alle Zweige Licht und Luft in Fülle erhalten. Die Stämme stehen bald einzeln, bald zwei oder drei, oft auch vier bis sechs in einer Gruppe zusammen. Während gewöhnlich die Höhe der Olive 30—40 Fuß nicht überschreitet, sind hier ältere Stämme von mehr als 50 und 60 Fuß nicht selten. Meistens sind sie hohl, oft vollständig ausgehöhlt, so daß nur noch die zerklüftete braungraue Rinde mit dem dünnen, aber zähen und festen Splint übrig ist. Dazu ist diese Rinde meistens von zahlreichen länglichen Löchern durchbrochen, oft ganz gefenstert oder selbst netzförmig gegittert. Es macht einen seltsamen Eindruck, durch diese hohlen Baumstämme hindurch den lichten Himmel, das blaue Meer, oder selbst ein ganzes Landschaftsbildchen, wie von einem Fensterchen umrahmt, zu schauen. Während aber so der eigentliche Hauptstamm des Baumes nur noch aus einer gefensterten Rindenwand besteht, strecken oben die kräftigsten Äste ihre gewaltigen Arme hoch in die blaue Luft hinaus und tragen jeder für sich eine reiche, zierlich durchbrochene Laubkrone. Überaus malerisch und phantastisch ist die Gestaltung dieser mächtigen Äste, welche in kühnem Schwunge bald hoch himmelanstreben, bald weit horizontal sich ausbreiten, bald in den sonderbarsten Bogen und Kurven sich durchschlingen und umwachsen. Bisweilen glaubt man einen Knäuel von kämpfenden Riesenschlangen zu sehen, die hoch aufgebäumt sich gegenseitig zu erwürgen streben. Dann wiederum gleicht das dichtverschlungene Astwerk einer märchenhaften Arabeske, wie sie die kühnste Phantasie nicht reicher dichten kann. Die wenigen größeren Äste, oft selbst so stark wie ein mäßiger Baumstamm, spalten sich am Ende in eine größere Anzahl von dünnen Zweigen, die sich schließlich in feine und zierliche Astbüschel auflösen. Daraus ergibt sich meistens auch eine büschelförmige Verteilung für die größeren Laubgruppen, deren lockere Massen, überall von den Sonnenstrahlen durchbrochen, gleich den durchlöcherten Stämmen nur unvollkommenen Schatten spenden. Zierlich gruppiert erscheinen die schmalen, lanzettförmigen Blätter, oben fast schwärzlich grün, unten silberfarbig; und dazwischen sitzen überall Hunderttausende von schwarzen Steinfrüchten, die hier die Größe der Kirschen erreichen. Zu der warmen Farbe des gelben Kalksteins und zu dem tiefen Meeresblau paßt diese stille, gedämpfte Koloratur der Oliven eben so vortrefflich, wie sie durch das tiefe Dunkelgrün der allenthalben zerstreuten schlanken Zypressen kräftig gehoben wird. Was aber den Olivenwäldern von Korfu ihren Hauptreiz verleiht, das ist die unendliche Mannigfaltigkeit der individuellen Physiognomie, und wie man bei unseren Kulturvölkern unter tausend Individuen nicht leicht zwei trifft, die sich zum Verwechseln ähnlich sind, so hat auch bei diesem edelsten Kulturbaum jedes Individuum sein eigenes Gesicht.

Die Zahl der Ölbäume auf der Insel wird auf mehr als 5 Millionen geschätzt — jedenfalls mehr als ausreichend, um eine anspruchslose Bevölkerung von nicht mehr als 70000 unter diesem gesegneten Himmelsstrich genügend zu ernähren. Obwohl das Öl auf der Insel selbst (als einziges Beleuchtungsmaterial und als Surrogat der Butter) geradezu verschwendet wird, obwohl Tausende ewiger Lampen in allen Häusern und Kapellen eine ungeheure Masse verzehren, bildet es dennoch einen sehr ergiebigen Ausfuhrartikel. In der Tat ist die Olivenernte hier die Hauptsache, und alles andere tritt dagegen zurück. Durch eine sonderbare, sogar zum Gesetz gewordene Gewohnheit ist es verboten, die Ölfrüchte abzunehmen oder zu schütteln. Sie dürfen nur vom Boden aufgelesen werden, auf den sie herabfallen. So sieht man denn zur Zeit der Olivenernte (im Frühjahr) überall Hunderte von gebückten und gelagerten Menschen, die mit dem Auflesen von abgefallenen Oliven beschäftigt sind. Da die Arbeitskräfte der Korfioten selbst dafür nicht ausreichen, so lassen sie vom epirotischen Festlande drüben arme Albanesen zur Aushilfe herüber kommen. Scharen derselben, Männer, Weiber und Kinder bunt durcheinander, in Ziegenfelle gehüllt, findet man nachts vor den Mauern der Stadt schlafend, da die gewölbte Halle des Königstores (Porta reale), ihr bevorzugter Lagerplatz, nicht allen Schutz gewährt.

Natürlich geht bei der mangelhaften Methode der Olivenernte ein großer Teil des Ertrags verloren, und man versicherte mir, daß dieser Verlust wohl ein Viertel oder gar ein Drittel der wirklichen Früchtemenge betrage. Auch die Methode der Ölbereitung (durch Auspressen auf rohen Steinmühlen) ist sehr mangelhaft, und durch ein verbessertes Verfahren könnte leicht der Reinertrag sehr bedeutend erhöht werden. Wie aber überall im sorglosen Süden, wo der Kampf ums Dasein dem Menschen durch die gütige Natur selbst zu sehr erleichtert ist, so ist auch in Korfu jeder kulturgeschichtliche Fortschritt durch das süße Gesetz der Trägheit mächtig gehemmt; und wie der ganze Ackerbau und Gartenbau, so liefert auch der Hauptzweig, der Ölbau, wegen mangelnder Sorgfalt bei weitem nicht die Resultate, welche ein eifriges und der Verbesserung geneigtes Bauernvolk erzielen würde. Feld- und Gartengerät steht auf der primitivsten Stufe, und die Untertanen des Alkinoos werden den Boden nicht mit unvollkommeneren Instrumenten bearbeitet haben, als ihre Nachkommen im neunzehnten Jahrhundert, im Zeitalter der Dampfpflüge. Mit dem Gebrauche eines einzigen Pfluges sind hier oft nicht weniger als acht oder neun Menschen beschäftigt. Eines Abends sah ich einen alten Bauer bemüht, mit einem gewöhnlichen Taschenmesser einen dicken Olivenast abzuschnitzeln; Axt und Säge fehlten in seinem ländlichen Hausrat!

Die Olive ist auf Korfu so überwiegend die Hauptkulturpflanze, daß daneben die anderen wichtigen Fruchtbäume des Südens nur in geringer Ausdehnung und nur in solcher Quantität gebaut werden, als der Bedarf der Insel selbst erfordert. Während das Korfu-Öl — der einzige wichtige Exportartikel der Insel — alljährlich in großer Menge nach anderen Ländern, besonders England, verschifft wird, so werden dagegen Wein, Feigen, Orangen und Limonen im Lande selbst verzehrt. Und doch ist die Qualität dieser edlen Früchte — wie von diesem Klima und Boden nicht anders zu erwarten — der Art, daß sie bei sorgfältiger Kultur mit denen aller anderen Länder wetteifern könnten. Aber freilich, an der Sorgfalt fehlt es eben, und da man auf Ausfuhr nicht bedacht ist, sondern bloß für den eigenen Bedarf baut, so begnügt man sich lieber mit einer mittleren Qualität, welche die gütige Natur von selbst beschert, als daß man durch fleißige Arbeit eine höhere Güte erzielte. Orangen und Limonen sind trotzdem ausgezeichnet groß, saftig und wohlschmeckend; nirgendwo am Mittelmeer habe ich bessere gegessen. Auch die Feigen sind vortrefflich.

Der Weinbau, der auf den übrigen ionischen Inseln, namentlich auf Zephalonia und Zante, eine Hauptrolle spielt — insbesondere die Kultur der Korinthen — ist auf Korfu von untergeordneter Bedeutung. Der Weinstock wird hier wie dort verstümmelt, indem man den Stamm gleich über der Wurzel abschneidet; die daraus hervorwachsenden Rebenzweige läßt man flach auf der Erde hinkriechen. Wie überall im Süden, wird der Wein nur mit Wasser vermischt getrunken. Der gewöhnliche Korfuwein ist dunkelrot, fast schwärzlich, feurig, und hat einen süßlichen und erdigen Beigeschmack. Unzweifelhaft könnte er bei sorgfältiger Pflege ein Göttertrank werden!

Andere Fruchtbäume des Südens werden auf Korfu wenig oder gar nicht kultiviert, so namentlich der Johannisbrotbaum, die edle Kastanie und die Walnuß. Die beiden amerikanischen Charakterpflanzen, welche erst seit 3 Jahrhunderten über Südeuropa sich ausgebreitet haben, jetzt aber zu den unentbehrlichen Vegetationstypen seiner Landschaft gehören — Opuntia und Agave — fehlen auf Korfu nicht. Der Opuntia-Kaktus oder die indische Feige gedeiht hier so üppig wie auf Sizilien und liefert mit seinen stachlichen, ovalen, scheibenförmigen Stengelgliedern die beste und undurchdringlichste Einfriedigung der Wein- und Gemüsegärten. Ebenso wird auch die Agave americana (die sogenannte Riesenaloe) zur Heckenbildung benützt. Hier und da ragt ihr gewaltiger Blütenstengel mit den gelben Lilienblumen wie ein Armleuchter empor.

Auf den unzugänglichen steilen Schluchten und den steinigen Berghalden von Korfu treffen wir dieselbe charakteristische Buschvegetation wie an der übrigen Mittelmeerküste: von den immergrünen Sträuchern vor allen Myrte und Pistazie, stachlichen, mit den schönsten gelben Blüten bedeckten Ginster und Goldregen. Eine besondere Zierde einzelner trockner Halden bildet die baumartige Haide, mit Tausenden kleiner, weißer Blütenglöckchen geziert (Erica arborea). Höher erheben sich aus dem Dickicht dieses immergrünen Buschwaldes der schlanke Lorbeer und der schöne Erdbeerbaum (Arbutus unedo). In der Frühlingsflora, die zur Zeit meiner Anwesenheit die Hügel und Rasenplätze schmückte, fiel mir besonders die Fülle schöner Orchideen auf. Von der merkwürdigen Insekten-Orchis (Ophrys), deren Blütenform sich auf das täuschendste derjenigen gewisser, ihre Befruchtung vermittelnder Insekten angepaßt hat, sammelte ich nicht weniger als sechs verschiedene Arten. Unter den übrigen Frühlingspflanzen imponieren durch ihre Menge besonders die weiße Milchlilie (Ornithogalum tenuifolium), die gelbe Ranunkel und die liebliche rosenrote Stern-Anemone (A. stellata), zu der sich im nördlichen Teile der Insel die blaue Berganemone gesellt (A. apennina). Eine Hauptcharakterpflanze der Rasenplätze ist aber die schöne Affodill-Lilie (Asphodelus fistulosus) mit ihrem großen, rötlich-weißen Blütenstrauße: die klassische Pflanze, welche nach Homer die Wiesen der Unterwelt bedeckt. Von Schwertlilien (Iris) gibt es mehrere Arten, teils mit gelben, teils mit blauen, teils mit braunen, zierlich gezeichneten Blumen (Iris unguiculata, I. Sisyrinchium usw.). Auch von den duftigen blauen Muskat-Hyazinthen (Muscari) wachsen hier mehrere Arten häufig; ebenso weiße und rote Zistrosen (Cistus). So findet denn der Blumenfreund überall den Boden mit den lieblichsten Geschenken der Flora bedeckt, und von keiner Exkursion kehrte ich heim, ohne mir einen schönen, duftigen Strauß mitgebracht zu haben, der das Zimmer noch tagelang mit Wohlgeruch erfüllte.

Im Verhältnis zu ihrer Ausdehnung ist die Flora der Insel sehr reich an Gattungen und Arten. Sie verdankt diesen Reichtum zum Teil der vielfachen Einwanderung von Italien einerseits, Griechenland und Dalmatien andererseits, zum Teil auch der mannigfaltigen Bodenbeschaffenheit. Fruchtbare, fette Rasenerde wechselt mit sterilem, steinigem Felsboden, feuchtes Sumpfland mit trocknen, sonnigen Halden; kalte, luftige Berghöhe mit heißem, stillem Tiefland. Im größten Teile von Korfu besteht der Boden aus einem festen, gelblichen Kalke der Kreideformation. Nördlich und westlich von der Stadt aber ist derselbe von Tertiärschichten überlagert; ebensolche, teils mergelig, teils kalkig, und an vielen Stellen reich an Petrefakten, bedecken den südlichsten Teil der Insel.

Besonders reich an verschiedenartigen Pflanzen des Südens sind die blumigen Gefilde, welche sich westwärts der Stadt ausbreiten. Hier führt der Weg durch die langgestreckte, größtenteils von Fischern und Seeleuten bewohnte Vorstadt Manducchio zu mehreren mit Villen gekrönten Hügeln, deren jeder seine eigene prächtige Aussicht auf Stadt und Feste, Meer und Gebirge hat. Eine Viertelstunde weiter überschreitet die Straße ein Flüßchen, welches mit Beziehung auf die anderen kleineren Bäche als Hauptfluß der Insel gilt; daher denn auch das daran gelegene größere Dorf kurzweg als Potamó (d. h. „Fluß") bezeichnet wird. Nahe der Mündung dieses Flusses ist die klassische Stelle, wo die holde Königstochter Nausikaa und ihre Gefährtinnen sich mit Ballspiel und Gesang ergötzten, nachdem sie die Wäsche des Königshauses gewaschen, und wo sich ihr der edle Dulder Odysseus hilfeflehend nahte, als er 2 Tage und 2 Nächte im sturmgepeitschten Meere elend umhergeschwommen. Andere Ausleger Homers freilich (und unter diesen auch Schliemann) meinen vielmehr, daß der kleine Kressida-Bach, der von Westen kommend sich in die Bucht von Paläopolis ergießt, mit dem klassischen Nausikaa-Flusse zu identifizieren sei, und wollen sogar noch durch zwei Felsblöcke den Waschplatz der Phäakenprinzessin bezeichnet sehen!

Die Umgebung des Dorfes Potamó ist ungemein malerisch. Indem sich die Häusergruppen des Dorfes oberhalb des Flusses in einem ziemlich engen Tale bergauf ziehen und teils auf den Vorsprüngen der Talwände vortreten, teils in Orangengärten verstecken, bieten sie dem Landschaftsmaler mit ihren vorspringenden Veranden, Treppen und Gärten eine Fülle reizender Motive. Eins der schönsten liefert die Kirche mit ihrem schlanken, weithin sichtbaren Turme, höher als die meisten anderen Türme der Inseldörfer, über Palmenkronen stolz emporstrebend. Noch schönere Bilder aber erwarten uns, wenn wir hinter Potamó das Tal links weiter hinaufsteigen. Da kommen wir durch den herrlichen Park der Villa Damaschino, aus dessen Orangenhainen eine der schönsten Piniengruppen hoch hervorragt. Wenige Schritte weiter entdecken wir neue originelle Bilder in dem alten, zum Teil in Ruinen liegenden Dorfe Europulos. Hier breitet eine der mächtigsten uralten Oliven ihre gewaltigen Äste ringsum über die Hütten aus und beschattet den Tummelplatz der spielenden Knaben und der tanzenden Mädchen, wie bei uns die alte Dorflinde. Sind wir bei den letzten Häusern des Dorfes hinausgetreten und haben den dahinter aufsteigenden Hügelkamm erklommen, so werden wir durch eine ganz neue Ansicht überrascht; durch ein tiefes Tal getrennt, erhebt sich auf dem langen Rücken der entgegengesetzten westlichen Bergwand das zypressengekrönte Dorf Afra, im Hintergrunde meilenweit Olivenwälder und hoch darüber emporragend die gewaltige Felsenmauer des Monte Deca. Dieser mittlere Teil der Insel trägt einen ungemein anmutigen und idyllischen Charakter und erinnert vielfach an die lieblichen Landschaften des Albanergebirges. Prächtige, von gutgepflegten Gärten umgebene Villen sind allenthalben auf den Hügeln zerstreut, die kühlen Sommerfrischen der wohlhabenderen Stadtbewohner, die aus der glühenden Atmosphäre der Stadt sich hierher flüchten.

Noch mehr freilich muten uns die kühleren Villen an, die sich drüben am nordöstlichen Meeresufer angesiedelt haben; sie atmen beständig die fächelnde Brise ein, welche die schneebedeckten Epirusberge herübersenden. Da ist namentlich unweit Potamó die reizende Villa Sotiriotissa durch prächtige Lage und sorgfältige Pflege gleich ausgezeichnet. An der Westseite derselben springt wieder eine malerische, gleich einem Weinblatt einge= schnittene Halbinsel weit nach Norden vor und schließt eine tiefe Bucht ab; wie bei dem Hafen von Paläopolis glauben wir einen lieblichen Landsee vor uns zu sehen. Im Grunde dieser Bucht liegen die Dörfer Condocali und Govino; ihre Häuser sind großenteils durch Erdbeben in Ruinen verwandelt, von Efeu und Stechwinde überwuchert. In Govino finden wir außerdem noch die Überbleibsel des großartigen Arsenals, welches die Venetianer hier errichtet hatten, die Vorteile der natürlichen Lage und des bequemen Hafenbeckens praktischer ausbeutend als die träge Gegenwart.

Auf weiteren Erkursionen werden am häufigsten die beiden Dörfer Pelleka und Garuna besucht, beide auf hohem Fels an der steil ab= fallenden Westküste von Mittelkorfu gelegen. Da die Fahrwege nach beiden Orten langsam ansteigen und in vielen Windungen hinaufführen, werden wir oben sehr überrascht durch den weiten Ausblick auf das freie Meer. Tief zu unseren Füßen branden die schäumenden Wogen an den zerklüfteten Klippen. Die nackten, zum Teil fast senkrecht mehrere Hundert Fuß abstürzenden Felswände dieses westlichen Küstenrandes prangen in schönen, warmen Farben: Gelb, Rot und Braungrau in verschiedenen Tönen; sie erinnern hierdurch, wie durch ihre groteske Gestaltung und Grottenbildung an die ähnliche Westküste von Capri, insbesondere an die Szenerie der dortigen „Marina piccola". Die Ähnlichkeit ist bei Garuna um so größer, als hier unweit der Küste ein paar mächtige, unersteigliche Felskegel frei aus der blauen Flut emporsteigen, natürliche Turmwarten wie die „Faraglioni" von Capri. Die kleine Häusergruppe von Garuna klebt wie ein Schwalbennest am Rande einer tiefeingeschnittenen Schlucht, durch welche ein munterer Bach zum Meere hinabstürzt.

Die Rundsicht über die Insel gestaltet sich noch umfassender und reicher von Pelleka aus. Über den Häusern dieses Bergdorfes erhebt sich eine Hügelwarte, die so recht zur „Landskrone" sich eignet, ein wahrer, ent= zückender „Luginsland" und vormals an heiteren Abenden der beliebteste Picknickplatz der englischen Familien. Da haben wir vor uns zu Füßen das ganze herrliche, mit Dörfern besäte Gartengefilde von Mittelkorfu, in der Ferne östlich die Stadt und Zitadelle, rechts im Süden die steilen Gehänge des Monte Deca und links im Norden den höheren, alle über= ragenden Pantokrator. Wenden wir uns aber um, so sehen wir die strahlende Sonne ins Meer sinken. Welcher Glanz und welche Farben!

An der steilen und wild zerklüfteten Felswand, die hier unterhalb Pelleka jäh ins Meer stürzt, liegt tief unten ein griechisches Kloster, ganz zwischen Felsen in Myrtengebüsch versteckt und daher das „Myrtenkloster" genannt: Myrtiotissa — gewiß ein seltsamer Name für ein keusches Heiligtum, dessen einsame Bewohner zum Zölibat verurteilt sind! Nach dem Ordensgelübde sollten diese Mönche jeden Gedanken an den bräutlichen Myrtenkranz wie eine Versuchung des Satans fliehen und den geheimnisvollen Strauch der Aphrodite mit seinem berauschenden Dufte ganz ausrotten, statt ihre einsame Lagerstätte mit seinem Laube zu polstern. Zum Glück ist in dieser Welt der Widersprüche dafür gesorgt, daß Theorie und Praxis nicht immer stimmen! Die frischen, wohlgenährten Gesichter der jugendlichen Mönche des Myrtenklosters verrieten wenigstens keinen Zug von Askese und schwärmerischer Entsagung; und wir irren gewiß nicht in der Annahme, daß ihr stiller Myrtenhain von schönen Mädchen aus Pelleka öfter betreten wird, als die strenge Ordensregel es gestattet. Die unbelauschte Einsamkeit des felsigen Strandes, der einlullende Gesang der wiegenden Wogen, das dunkle Dickicht des Klosterparks, zu dem mancher heimliche Bergpfad von dem eine Stunde entfernten Dorfe jäh hinabführt — das alles sind Elemente, für einen Klosterroman wie geschaffen, besonders wenn dann noch der Vollmond sein Silberlicht auf der weiten Wasserfläche spiegelt!

Der Tag, an welchem ich Pelleka in Gesellschaft zweier jungen Freunde aus der Familie Fels zum letzten Male besuchte und mit ihnen zum Myrtenkloster hinabkletterte, war regnerisch und trübe, bot aber trotzdem manch ergötzliches Abenteuer. Ein wilder Schirokko hatte das Meer schon tags zuvor gewaltig aufgeregt und schleuderte heute unter betäubendem Donner wahre Wellenberge gegen die zerrissene Küste. Feine Schaumwolken stäubten haushoch in die graue Luft. Ein wenig unterhalb des Klosters öffnet sich eine kleine, runde Bucht, deren sanft geneigter Grund mit dem weichsten Seesande bedeckt ist, ein ausgesucht schöner Badeplatz! Einer solchen Versuchung konnten wir Verehrer des Poseidon nicht widerstehen. Eine Felsengrotte bot uns einen geschützten Ort zum Trocknen und Aufbewahren unserer Kleider, und so erquickten wir uns nach dem Süßwasserbade des strömenden Regens in der schwülen Schirokkoluft durch ein unvergleichliches Wellenbad in der tobenden Salzflut. Wie auf der Düne von Helgoland rollten lange, mit weißem Schaum gekrönte Wellenberge donnernd heran und wirbelten uns kleine Menschenkinder wie Federbälle zwanzig, dreißig Fuß weit über die glatte, weiche Sandfläche dahin. Immer wieder versuchten wir in raschem Sprunge weiter hinaus zu schwimmen, und immer wieder schleuderte uns der tobende Strudel an den Strand zurück. Offenbar wollte der gütige Meergott uns eine Szene aus dem fünften Gesange der Odyssee leibhaft vor Augen führen. Denn das war dieselbe Brandung, welche den göttlichen Dulder Odysseus, vom Schleier der Leukothea getragen, an den Strand der gastlichen Phäakeninsel warf! Mich wundert's nur, daß die Engländer ihrerzeit keinen Tunnel durch den Pellekaberg getrieben und keine Eisenbahn nach dem Strande von Myrtiotissa angelegt hatten, um dieses wundervolle Seebad täglich zu genießen!

Nach diesem wilden Wellenbade erschien uns natürlich die stille Klosterzelle von Myrtiotissa, in der wir vor einem neuen Regengusse Zuflucht suchten, als ein höchst behaglicher Aufenthalt. Unsere romantische Stimmung wurde noch mehr gehoben, als uns die freundlichen Klosterbrüder einen ausgezeichneten türkischen Kaffee brauten — schaumig und duftend wie in Konstantinopel! Und dann stärkten sie unser Herz noch durch einen kräftigen Klosterschnaps (Raki oder Mastika). Wie in lateinischen Klöstern den besten Wein, so trifft man in griechischen den besten Branntwein, einen würzigen Likör, der aus verschiedenen aromatischen Kräutern, namentlich aus Terebinthen, gebraut wird. Nachdem wir dergestalt neue Lebenswärme in unsere Adern gegossen und dazu das mitgebrachte Frühstück mit dem einem solchen Heiligtum gebührenden Appetite verzehrt hatten, ließen wir uns auch noch die Reliquien und den alten Heiligenkram in der kleinen Klosterkirche zeigen. Unser Führer war selbst ein lebendiger Heiliger, ein wunderschöner Jüngling von etwa zwanzig Jahren, mit einem wahren Johannesgesicht, von langen, braunen Locken umflossen. Unter den Bildern kehrt hier überall eine schwarze Madonna mit schwarzem Christuskind wieder, in silbernes Gewand gekleidet.

Ein anderes Mönchskloster liegt eine Meile von Myrtiotissa nordwärts, ebenfalls an der steilen Westküste. Dasselbe führt den Namen Paläocastrizza, d. h. „Altenburg", weil auf einer benachbarten Bergkuppe die Ruinen eines alten venetianischen Forts sich befinden. Die Fahrstraße, auf welcher man mit guten Pferden von der Stadt in drei Stunden hierher gelangt, ist kunstvoll von einem englischen Linienregiment angelegt, dessen Namen auf einer ehernen, in die Felswand eingelassenen Tafel verewigt ist. Man fährt zuerst längs des Meeres hin bis Govino, dann landeinwärts in westlicher Richtung durch herrliche Olivenwälder und gelangt darauf in eine waldige und felsige Gebirgsgegend. Die Szenerie verliert hier den weichen, idyllischen Charakter von Korfu und erinnerte mich lebhaft an eine Gegend von Korsika, so namentlich, als wir durch den Grund einer Felsenschlucht fuhren, in der ein wilder Bergbach sich ein tiefes Kiesbett ausgewühlt hatte. Die Hügel waren hier größtenteils mit den gelben Blumensträußen des Goldregens (Cytisus) und den reizenden weißen Blütenglöckchen der Baumhaide (Erica arborea) bedeckt; dazwischen in großer Zahl die gelbgrüne, baumartige Wolfsmilch (Euphorbia dendroides), eine blaue Iris, und auf dem Rasen Massen von der schönen roten Sternanemone (A. stellata).

Je mehr sich die Straße der Westküste nähert, desto wilder und großartiger wird die Szenerie. Zur Rechten schlängelt sich eine vielgewundene

Straße nach San Pantaleone hinauf, einem Bergpasse, der den westlichen Abfall des Pantokrator durchschneidet. Man genießt von hier eine überraschende Aussicht auf den nördlichen Teil der Insel und auf die benachbarten Eilande: Salmastraki, Othonus und Erikusa. Eine nahe, phantastisch geformte Klippe wird einem Schiff mit vollen Segeln verglichen und als das versteinerte Phäakenschiff von denjenigen angesehen, welche die ähnliche, bei Pontikonisi vor Canoni liegende Klippe nicht als solches gelten lassen wollen. Zur Linken windet sich unsere Straße durch einen Engpaß, der an die „Klammen" unserer Alpen erinnert und vielfach durch den Felsen gesprengt ist; die senkrechten hohen Felswände prangen in den schönsten gelben und roten Farben. Dann senkt sich die Straße wieder und führt in vielen Windungen am Ufer einer tief eingeschnittenen Bucht hin. Bei jeder neuen Wendung wird man durch ein neues Bild überrascht. Zuletzt steigen wir auf steilem Fußweg zu dem Felsenvorsprung hinauf, auf dem das Kloster liegt. Aus der Veranda desselben genießen wir einen entzückenden Blick auf die wilde Felsenküste und das blaue Meer, tief zu Füßen eine Reihe kleiner Klippen, die von der tobenden Brandung umschäumt werden. Das Kloster selbst bietet nichts Besonderes. In der kürzlich restaurierten Klosterkirche sind einige Reliquien vom heiligen Spiridion das Wichtigste.

Der heilige Spiridion ist nämlich der allverehrte Schutzpatron der Insel. Alles, was in Korfu Gutes und Schlechtes, Großes und Kleines alltäglich passiert, alles das geschieht unter Verantwortlichkeit von Sankt Spiridion. Daher wird denn auch jeder dritte Knabe auf den Namen Spiridion getauft, und wenn man rasch einen herumlungernden Straßenjungen für einen kleinen Dienst herbeirufen will, braucht man nur geradeweg Spiro zu rufen; gleich werden ½ Dutzend kleinere und größere Spiros bei der Hand sein. Ich hatte nun das Glück, während meiner Anwesenheit die persönliche Bekanntschaft des heiligen Spiridion zu machen, dessen wohlerhaltener Leichnam den größten Teil des Jahres hindurch in einem Kasten verschlossen ist; nur während gewisser Feiertage wird er aus seinem Gefängnis entlassen, um sich am Licht und Farbenglanz seiner paradiesischen Insel zu erfreuen. Diesmal war es der Palmsonntag, an welchem er die Erlaubnis erhielt, sich öffentlich dem Volke zu zeigen und einen Spaziergang durch die Stadt zu machen. Palmsonntag ist einer der höchsten Festtage der griechischen Kirche und wird durch eine der größten Prozessionen gefeiert. Als allgemeines Volksfest genießt letztere um so größeres Ansehen, je strenger im ganzen die Fastenzeit von den Griechen gehalten wird. Außer einigen Vegetabilien, besonders Feigen, Bohnen, Obst, genießen die frommen Leute während dieser schweren Zeit nur noch Zuckerwerk, Milch und Eier, namentlich aber Austern und gewisse andere Muscheln (Arca, Mytilus, Spondylus), Tiere, welche von der allwissenden und unfehlbaren Kirche zum Pflanzenreich gerechnet werden. Wer aber ganz besonders fromm und enthalt=

sam ist, der kasteit sich mit dem Genuß von trockenen Feigen und von gedörrtem Stockfisch, beides ganz unschuldige Vegetabilien!

Inmitten dieser Kasteiungen nun, welche in der Karwoche auf die Spitze getrieben werden, bildet der Palmsonntag eine höchst angenehme und willkommene Unterbrechung. Die ganze Landbevölkerung strömt an diesem Tage in die Stadt zusammen, um an der Palmenprozession teil zu nehmen und sich nach Herzenslust zu amüsieren. Alle haben ihren besten Sonntagsstaat angelegt, und so bietet denn die Prozession die schönste Gelegenheit, um die buntgeputzten Bauern in glänzender Parade an sich vorüberziehen zu lassen. Ihre gewöhnliche Alltagstracht besteht aus einer braunen, weiten Jacke, kurzen und weiten blauen Pumphosen, welche durch einen breiten roten Leibgürtel zusammengehalten werden, weißen oder grauen Strümpfen und gelben oder braunen Schnabel= schuhen, deren Schnabel vorn hoch emporgekrümmt ist; auf dem Kopfe ein roter Feß mit blauer Quaste, in der heißen Jahreszeit ein Strohhut mit sehr breiter Krämpe. Die Frauen haben meist die dicken Zöpfe zu mächtigen Wulsten turbanartig zusammengewunden; oft werden die= selben durch künstliche Haare verstärkt und damit ein Polster auf dem Kopfe gebildet, das nicht allein eine besondere Zierde, sondern auch eine bequeme Unterlage zum Tragen der Wasserkrüge und anderer Lasten bildet. Dabei ist der Kopf meistens in ein weißes oder buntes, schleier= ähnliches Kopftuch gehüllt, das über Schultern und Busen herabfällt. Das weiße Busentuch, vielfach gefaltet und üppig aufgebauscht, quillt weit aus dem engen, roten oder schwarzen, oft goldgestickten Mieder hervor, und über diesem wird eine weite dunkle Jacke getragen. Der lange, faltige Rock ist in der Regel von blauer Farbe. Alle wohlhabenden Frauen sind mit Gold= und Silberschmuck, Ketten, Spangen, Münzen usw. dicht behangen. Denn alles erworbene Vermögen wird in solchem Plunder angelegt.

Der Palmsonntag fiel diesmal nach griechischem Kalender auf den 1. April, an welchem bei uns in Deutschland der Ostersonntag gefeiert wurde. Es war das schönste Frühlingswetter, und da es in den letzten Märztagen stark geregnet hatte, strahlte Stadt und Land, Meer und Ge= birge doppelt herrlich im warmen Sonnenglanze. Die Straßen waren mit Girlanden, die geputzten Festleute mit Blumen geschmückt, und alles trug das heiterste Aussehen. Die Prozession selbst, an der die ganze offi= zielle und nicht offizielle Welt von Korfu teilnahm, entfaltete den größten Pomp und bot ein reicheres Bild, als ich je vorher bei einer solchen Ge= legenheit gesehen. Selbst die Januariusprozession in Neapel, die ich bis dahin für das Non plus ultra von kirchlichem Gepränge gehalten, wurde hier noch übertroffen. Fast alles, was nicht in der buntfarbigen National= tracht glänzte, hatte seine bestimmte, mehr oder minder reichgeschmückte Uniform an: voran die Garnison der Festung, dann die Beamten der Regierung, die Lehrer und Schüler des Lyzeums, die verschiedenen Gil= den usw. Namentlich aber zeichneten sich die griechischen Priester durch

glänzende Tracht aus, meistens schöne, hoch gewachsene Leute mit lang
wallendem Haar. Der lange, bis auf den Gürtel herabfallende Bart und
die hohe, goldverzierte Tiara auf dem stolz getragenen Haupte verlieh
ihnen eine gewisse Majestät. Der lange Talar, ganz mit Goldstickerei geziert, glänzte in den lebhaftesten Farben, je nach der Parochie, verschieden.
Ihre Zeremonien verrichten sie mit edlem Anstande. Überhaupt machen
die griechischen Popen einen vorteilhafteren Eindruck, als ihre römischen
Kollegen. Während die letzteren angeblich in Zölibat leben, sind die
griechischen Popen (mit Ausnahme der Bischöfe und Erzbischöfe) ver-
heiratet und befleißigen sich eines anständigen Lebenswandels. Der
Hokuspokus des Heiligendienstes spekuliert freilich dort ebenso wie hier
auf den Aberglauben der Menge!

Den glänzenden Mittelpunkt der Prozession bildete der Erzbischof,
eine hohe und imposante Figur mit schönem Gesicht. Er wird von den
Frauen Korfus vergöttert, spricht auch unter anderem ein wenig Deutsch
und ist sich seines persönlichen Eindruckes wohl bewußt. Er verstand denselben sehr geschickt und kokett zu gebrauchen. Ein Schwarm jüngerer,
zum Teil sehr hübscher Priester umgab ihn. Gleich hinter dem Erzbischof
erschien der heilige Spiridion selbst, eine eingetrocknete braune Mumie,
aufrecht stehend in einem hohen, goldverzierten, einer Sänfte ähnlichen
Kasten, von sechs Priestern getragen. Durch die Fenster seines Gehäuses
kann man den oberen Körperteil ganz gut sehen. Das grinsende braune
Gesicht starrt mit weit geöffnetem Munde vor und zeigt noch recht gut-
erhaltene weiße Zähne. Um einen noch größeren Eindruck auf die andächtige Menge zu machen, ist der Kopf nur locker befestigt, so daß er bei
stärkeren Bewegungen der Tragbahre hin- und herwackelt. Alles drängt
sich heran, um den allmächtigen Heiligen zu sehen und seiner segenbringen-
den Nähe teilhaftig zu werden. Frauen wetteifern, um Wachstropfen
von seinen träufelnden Kerzen aufzufangen. Kleine Kinder werden, um
sie vor Krankheit zu schützen, ihm in den Weg gelegt, so daß der heilige
Mumienkasten über sie hinweggeht. Solche Spirokinder tragen dann ein
ganzes Jahr lang ein schwarzes Kleidchen. Außerdem wird auch die
Mumie noch ein paar Tage lang in der Spiridionkirche ausgestellt, und
bei halb geöffnetem Kasten ist es gestattet, ihr die Füße zu küssen. Ich
selbst wäre bei dieser Gelegenheit beinahe zum Spirokultus bekehrt worden, denn als ich, unter die gläubige Menge gemischt, mein skeptisches
Ketzerhaupt neugierig in den Glaskasten hineinsteckte, um womöglich
durch anatomische Autopsie noch etwas näheres über die wahre Beschaffenheit der Mumie zu ermitteln, schüttelte der Heilige ungnädig das
Haupt. Zum Glück bemerkte ich noch rechtzeitig, daß er in demselben
Moment — zufällig oder absichtlich — einen Stoß durch den neben dem
Kasten aufgestellten Kirchendiener erhalten hatte!

Natürlich tut der heilige Spiridion diese und andere Wunder nicht
umsonst, sondern alles wird mit klingender Münze bezahlt! Der Spiro-

kultus ist ein recht einträgliches Geschäft, sowohl für die Kirche, als für die Familie, deren Privatbesitz er bildet. So unglaublich es auch klingen mag, der angebetete Heilige, vor dem ganz Korfu in den Staub sinkt, ist das Privateigentum der Familie Bulgaris und trägt ihr bessere Zinsen als die solidesten Staatspapiere und Eisenbahnaktien! Eine Tochter dieser Familie bekam die einträgliche Mumie dereinst bei ihrer Hochzeit als wertvollste Aussteuer mit! Seitdem muß wenigstens ein Sohn der Familie immer Priester werden, um ihren Gewinnanteil an dem prosperierenden Kirchengeschäft gehörig zu kontrollieren. Außer der klingenden Münze, die reichlich in die Opferbecken fällt, und außer Naturaliengaben verschiedener Art, besteht ein Hauptanteil des Ertrags in den zahlreichen, ungeheuren Wachskerzen — zum Teil von 10—12 Fuß Länge! — die von gläubigen Seelen der Kirche geschenkt werden. Leider hat aber hier der fortschreitende Zeitgeist des neunzehnten Jahrhunderts der Kirche einen bösen Possen gespielt, indem jetzt immer mehr die Unsitte überhand nimmt, die riesigen Kerzen nicht mehr aus teurem Wachs, sondern aus billigem Stearin gefertigt zu liefern!

Ein Haupteffekt der Spiridion-Prozession, wie anderer kirchlicher Schauspiele besteht darin, daß alle Sinne der Gläubigen gleichzeitig beschäftigt werden. Während das Auge durch die Farbenpracht und Mannigfaltigkeit des Aufzuges unaufhörlich angezogen wird, dienen Musikstücke aller Art zur Ergötzung des Ohres: heitere Blechmusik wechselt mit frommen Chorgesängen, Trommelwirbel mit Kanonensalven. Die Nase erhält ihren Anteil am Genuß weniger durch die wohlriechenden Blumenmassen als durch den narkotischen Duft der aufsteigenden Weihrauchwolken, und für die Befriedigung des Geschmackssinnes ist durch geweihte Konfitüren und verzuckerte Heiligenbilder aller Art, aus Gewürzkuchen modelliert, hinreichend gesorgt. So gestaltet sich denn die andächtige Spiro-Prozession zu dem heitersten Volksfeste. Am Nachmittage strömt nach beendigtem Umzuge alles in die Kaffeehäuser und vergnügt sich auf den Rasenplätzen der Esplanade mit Spiel und Tanz, mit Tombola und Lotterie. Der Gesamteindruck ist dennoch auch hier ähnlich wie bei den bekannten großen Prozessionen der römischen Kirche, wiewohl bei den griechischen alles doch mit mehr Grazie ausgeführt wird. Freilich erscheint auch diese Feier immer noch roh und niedrig genug, wenn man bedenkt, daß auf demselben Boden schon vor 2000 Jahren in griechischen Tempeln die Gottheiten des Olymps verehrt wurden, so viel erhabener und ästhetischer, als sich eine marmorne Apollostatue über die getrocknete Epiromumie und ein edler ionischer Tempel über ein verschnörkeltes Bethaus der Gegenwart erhebt!

Was für sonderbare, zum Teil uralte Gebräuche sich hier in der griechischen Kirche noch bis auf den heutigen Tag erhalten haben, das sah ich noch deutlicher am Osterfeste. Am Karfreitag Abend findet eine große, nächtliche Prozession unter Fackelbeleuchtung statt, und am folgenden

Samstag, Schlag 11 Uhr vormittags, endigt die Fastenzeit unter folgender Zeremonie: vor jeder Haustür wird auf offener Straße ein Osterlamm geschlachtet und neben der Tür aufgehängt; mit seinem Blute werden rote Kreuze an Tür und Wände gemalt, um dadurch den Eintritt des Würgengels und jeder gefährlichen Krankheit vom Hause abzuwehren. Gleichzeitig werden alle Glocken geläutet, und aus den Fenstern alte Töpfe, zerbrochene Geschirre u. dgl. auf die Straße geworfen, so daß es überall aussieht wie Polterabend; in den engen Gassen kann man kaum über die Scherbenhaufen und die Blutlachen hinwegsteigen. Zu gleicher Zeit werden endlich auch allenthalben Pistolen und Büchsen abgeschossen und dergestalt ein solcher Lärm erzeugt, daß Scharen von Hunden, aufs höchste erschreckt, durch die Straßen jagen und draußen auf freiem Felde Zuflucht suchen. Das Schießen dauert drei Tage hindurch ununterbrochen an und hört erst am Osterdienstag Nachmittag auf. Kein Jahr vergeht, ohne daß dabei durch zerspringende Pistolen usw. verschiedene Unglücksfälle eintreten, und schon mancher Knabe hat sein Ostervergnügen mit dem Leben büßen müssen.

Den Schluß der Karzeremonien bildet in der Nacht zum Ostersonntag eine große Messe in der Garnisonkirche der Zitadelle. Auf dem hübschen, freien, von Lichtern und Fackeln erhellten Platze vor der Kirche sind Tausende von Menschen versammelt, mit Beten, Singen und Pistolenschießen beschäftigt. Um Mitternacht verkünden Kanonensalven und Glockenläuten das Ende der schweren Fastenzeit, und nun begibt sich die Garnison an die langen, in Lauben aufgestellten Tische, auf denen ihr Osterlamm bereitet steht. Auch an den Osterfeiertagen selbst werden noch mancherlei seltsame Gebräuche geübt. Die Kirchen sind mit Ölzweigen, Palmenblättern, Blumengirlanden festlich geschmückt.

Übrigens bieten die zahlreichen kleinen und die wenigen größeren Kirchen von Korfu weder in architektonischer noch in anderer Beziehung irgend etwas bemerkenswertes. Dagegen sind die kleinen Dorfkapellen ein recht anmutiges Element der Landschaft, besonders durch ihre zierlichen Glockentürme. Diese Kampanilen stehen gewöhnlich seitwärts neben der westlichen Portalfront. Das schlanke Schiff der meisten Kapellen trägt ein sehr flaches, braunes Dach, und am östlichen Giebel springt eine halbrunde Apsis vor. Der Turm besteht gewöhnlich nur aus einer schmalen, hohen Mauer, über welcher sich zwei Rundbögen erheben, über diesen in der Mitte noch ein dritter Rundbogen. In diesen Bögen hängen ganz frei die drei Glocken.

Kapellen von besonderem Rufe, die zugleich Wallfahrtsorte sind, erheben sich auf vielen der höchsten Punkte der Insel. So ist namentlich der Gipfel des Salvatore oder „Pantocrator", der alle anderen überragt und sich bis über 3000 Fuß Höhe steil erhebt, mit einer berühmten Klosterkirche geschmückt. Zur Feier von Christi Verklärung, am 6. August, wird sie von einer großartigen Wallfahrt besucht: in dieser heißen Jahreszeit allerdings ein äußerst mühseliges Werk, da der nackte Gipfel des Berges sehr steil und der Weg überaus steinig und beschwerlich ist. Freilich wird der fromme Wallfahrer, der dabei ein paar Schuhsohlen opfert, oben durch eine prachtvolle Rundsicht belohnt, welche die ganze Insel und das benachbarte Festland umfaßt.

Überaus malerisch sind die Dörfer Signes, Spartilla, San Marco usw., welche an dem warmen Südabhange dieses gewaltigen Berges in die üppigste südliche Vegetation eingebettet sind, zum Teil über steil abfallenden Schluchten thronend. So prachtvolle Riesen von Oliven, wie in San Marco und Ipsa, habe ich nirgendwo sonst gesehen, und doppelt imposant erscheinen sie hier dadurch, daß sie mit einzelnen uralten Eichen von gigantischem Wuchse gemischt sind (Quercus pubescens). Es war ein herrlicher Apriltag, als ich diese Orte besuchte. Der deutsche Konsul, Herr Fels, in dessen liebenswürdiger Familie ich dort rasch die deutsche Heimat wiederfand, hatte für diese Fahrt das deutsche Konsulatsboot mit vier kräftigen Ruderern bemannt. Mit Unterstützung einer günstigen Brise brachten sie uns in zwei Stunden quer über die nordöstliche Bucht nach Ipsa. Dort wurde gebadet, eine Exkursion nach San Marco, dem alten Venetianerdorfe, unternommen und dann in Ipsa in der Villa eines befreundeten Korfioten ein heiteres Mittagsmahl verzehrt, gewürzt durch den ausgezeichneten feurigen „Gutland-Wein", den eine deutsche Weinbauergesellschaft in der Gegend von Patras erzieht. Die Rückkehr in goldigem Abendschein, unter deutschem Liederklang, bildete einen entsprechenden Abschluß des prächtigen Tages.

Eine andere Wallfahrt unternahm ich auf den Monte Santi Deca, den „Zehnheiligenberg", den zweithöchsten Gipfel der Insel (von zirka 2000 Fuß). Diese gewaltige Felsenmauer schützt den blühenden Garten von Mittelkorfu ebenso gegen Süden, wie der Pantocrator gegen Norden. Auch da hinauf ist der Weg steil, steinig und heiß. Aber auch hier wird man durch eine prächtige Rundsicht belohnt, und der gläubige Pilger zudem noch durch den Anblick einer Kapelle mit den zehn wundertätigen Heiligen. An dem westlichen Felsenabhang des Monte Deca liegt auf halber Höhe das Dorf Santi Deca, durch eine tiefe Waldschlucht von dem Dorfe Gasturi gegenüber getrennt. Die Szenerie von Gasturi ist überaus malerisch, und ich möchte ihr vor allen anderen Partien der Insel den ersten Preis zuerkennen. Das Dorf besteht eigentlich aus zwei verschiedenen Gemeinden, von denen die eine, das Oberdorf (Anapu-Gasturi) kühn auf steiler Höhe thront, während die andere, das Unterdorf — Katu-Gasturi — tief in den Grund des waldigen Talkessels hinabsteigt. Zahlreiche Bäche stürzen durch die felsigen Schluchten der Bergwand, die mit dem üppigsten Gerank von Schlingpflanzen und Gebüsch überwuchert sind. Unten steht neben dem originellen, maurisch gebauten Hauptbrunnen des Dorfes eine ungeheure alte Platane, ein wahrer Prachtbaum. In seinem hohlen Stamme hatten einst zwei alte

Weiber jahrelang ihre Wohnung aufgeschlagen. Seine mächtigen Äste nehmen den ganzen Platz unter den Schutz ihres grünen Blätterdaches. An dem maurischen Brunnen aber finden wir die schönste Staffage, wasserschöpfende Mädchen von Gasturi, durch ihre hohen Gestalten und edlen, altgriechischen Gesichtszüge vor allen anderen Korfiotinnen berühmt. Die hehren Helleninnen sind sich ihrer gepriesenen Vorzüge wohl bewußt und tragen nicht umsonst ihre langen, schwarzen Zöpfe mit rotem Band umwunden unter dem weißen Kopfschleier. Wenn diese schlanken Kanephoren mit gemessenem Schritte die steilen, steinigen Gassen des Dorfes herabsteigen, und wenn sie dann im Schatten der Riesenplatane plaudernd am Brunnen stehen, in farbenglänzendem Gewand und den schön geschwungenen Henkelkrug hoch auf dem Haupte, so glaubt man, Statuen aus dem klassischen Altertum lebendig vor sich zu sehen. Dem ersten genialen Maler, der nach Korfu kommt, um die noch ungehobenen Schätze der Schönheit einzuernten, empfehlen wir als Hauptbild: Mädchen am Platanenbrunnen von Gasturi! Natürlich bei Abendbeleuchtung! Ein anderes originelles Charakterbild von Gasturi ist der Glockenstuhl oben im Dorfe, neben der Schenke. Drei gekappte Olivenstämme nebeneinander sind durch zwei Querbalken verbunden und die äußeren beiden Stämme durch je drei Äste, wie durch Strebepfeiler, gestützt: alles Olivenholz unbehauen, mit den schönen Krümmungen seines natürlichen Wuchses. Oben am Querbalken hängen frei die beiden Glocken. Und so sind noch eine Menge reizender kleiner und großer Bilder in diesem schönheitreichsten aller Korfudörfer zu finden! Häuser und Bäume, Menschen und Tiere — unter letzteren besonders Ziegen und Schafe — stellen sich hier in besonderem ästhetischem Lichte dar; ungefähr so wie in Amalfi oder Capri, wo auch alles „zum Malen" ist!

Oberhalb Gasturi erhebt sich auf einem steilen Felsenhügel eine sehr malerische Kapelle mit zierlichem Glockenturm; der groteske Felsenkegel von St. Giorgio (hinter Pelleka) bildet in blauer Ferne den Hintergrund, den Mittelgrund eine Schlucht mit Zypressenwald und Häusergruppen, den Vordergrund prächtige, uralte Oliven und orientalische Lebensbäume (Thuja). Auf einem anderen Hügel gegenüber steht die anmutige Villa Braila, einem früheren Unterrichtsminister von Athen gehörig und berühmt durch die Aussicht von ihrer Terrasse, eine der schönsten der Insel! Da dieselbe ganz frei auf einem isolierten Bergvorsprung liegt, so hat man zu Füßen den ganzen Olivengarten von Mittelkorfu, links die Schlucht von Gasturi und darüber den gewaltigen Monte Deca, rechts gegenüber El Canon und dahinter Stadt und Zitadelle, überragt vom Salvatore. Noch freier und umfassender gestaltet sich die Aussicht von der Wallfahrtskapelle Hagia Kyriaki, ½ Stunde oberhalb Gasturi im Süden. Der Felsen, auf dem sie thront, liegt ganz frei, dem Monte Deca im Westen, dem Monte Stauro im Süden gegenüber. Der letztere, der „Kreuzberg" von Korfu, zeichnet sich durch die Anmut seines klassischen

Profiles aus; er erinnert, von Paläopolis gesehen, an den berühmten Monte Pellegrino bei Palermo.

Es war der 23. April, der letzte Tag meines Aufenthaltes auf Korfu, als ich das herrliche Gasturi zum letzten Male besuchte — ein wundervoller Frühlingstag, den ich nie vergessen werde. Um 5 Uhr morgens wanderte ich bereits längs des alten Hafens über den Hügelrücken nach El Canon, die balsamische Morgenluft in vollen Zügen einatmend. Dort setzte ein alter, weißbärtiger Charon mich über den schmalen Hafenmund, an der Odysseus-Insel vorüber. Von da führt ein reizender Pfad in einer Stunde längs der Wasserleitung am Bergabhang hin nach Benizze, einem kleinen Fischerdorfe am Fuße des Kreuzbergs. Zur Linken hat man auf diesem Pfade stets das Meer, 100—200 Fuß unterhalb an vielgestaltigen Klippen brandend, zur Rechten die steilen Berggehänge von Gasturi. Der Weg geht meist durch Olivenwald; er ist schattig und doch zugleich licht, so daß man durch die Wipfel der alten Bäume hindurch duftige Fernblicke auf die gegenüberliegende albanesische Küste genießt. Benizze selbst liegt bezaubernd in weltverlorener Einsamkeit, ganz umschlossen von üppigen Hesperidengärten. Ein paar Stunden lang blieb ich hier im Schatten eines herrlichen Orangenbaumes am Strande liegen und lauschte dem Wogengesange der Nereiden, die um die Strandklippen spielten, während gleichzeitig das Auge sich an dem Wechsel der magischen Beleuchtung der fernen Gebirge ergötzte. Dann stieg ich auf schattigem Bergpfade nach Gasturi hinauf, um noch einige Skizzen der schönsten Punkte zu sammeln. Ein freundlicher Bauer hieß mich in seine niedere Hütte treten und bewirtete mich mit prachtvollen Orangen, Brot und dem süßen Vino del paese. Eine Schar reizender Kinder tummelte sich im Sonnenglanze unter dem weiten Blätterdach einer uralten Olive und spielte Versteckens in deren hohlem Stamm. Die älteste Schwester von etwa 16 Jahren, eine homerische Gestalt mit den edelsten Gesichtszügen und bezaubernden schwarzen Augen, saß spinnend vor der Tür. Braune Ziegen kletterten auf den Felsen umher. Eine Idylle von Gasturi! Abends traf ich verabredetermaßen mit meinem trefflichen Freunde, dem Konsul Fels, unten am Platanenbrunnen zusammen, und wir fuhren in seinem Wagen bei erquickender Abendkühle auf anmutiger Olivenstraße nach der Stadt zurück. Auf dieser vielbefahrenen Straße kann man sicher darauf rechnen, jeden Abend einer Anzahl reizender Genrebilder zu begegnen: Hirtenknaben, die ihre Herden heimtreiben; Frauen, die schwere Lasten von Reisig oder Gemüse auf dem Kopfe tragen; Bauern, die aus der Stadt heimkehren, teils zu Esel, teils im zweirädrigen, buntbemalten Karren; dazwischen langbärtige Popen in schwarzem Talar, mit hohem Barett. Alles atmet behagliches und zufriedenes Landleben!

Mit diesem Charakterbilde der friedlichen Phäakeninsel sollten wir nun von derselben Abschied nehmen. Indessen ist es vielleicht gestattet, ihm schließlich noch eine gänzlich kontrastierende Skizze von dem nahen —

und doch so fernen — albanesischen Festlande gegenüberzustellen. Die öden, wilden Gebirge desselben wurden früher oft von den Engländern besucht, um in ihren undurchdringlichen dornigen Buschwäldern wilde Schweine, Hirsche und Rehe zu jagen; und eben jetzt lag wieder eine elegante englische Dampf-Yacht im Hafen, deren reicher Besitzer eigens zu diesem Zweck von London nach Korfu gekommen war. Auch der englische Konsul daselbst, Mr. Taylor, macht öfter derartige Jagdexkursionen, insbesondere nach dem großen Landsee von Bucintro, dessen Umgebung reich an Wild aller Art ist. Derselbe ist im Besitze einer niedlichen Dampfbarkasse und hatte diese eines Tages einer österreichischen Edeldame, der Herzogin von Casalanza, und ihrer Familie zur Verfügung gestellt, deren angenehme Gesellschaft ich an der Tafel der „Bella Venezia" mehrere Wochen genoß. Die Herzogin hatte die Güte, mich zur Teilnahme an einer Exkursion nach Bucintro einzuladen, und so dampften wir denn in der kühlen Morgenfrühe des 20. März über den Kanal von Korfu nach Epirus hinüber. Eine solche offene Dampfbarkasse ist ein ganz allerliebstes Fahrzeug. Drei Bänke im vorderen Teile bieten bequemen Platz für 8—10 Personen; in der Mitte arbeitet die kleine Maschine, von 6—10 Pferdekräften, und im hinteren Teile ist der Platz für die drei Schiffsleute (Steuermann, Maschinist, Matrose).

Der Morgen des 20. März war etwas nebelig und die Gebirge rings um den See von Korfu in einen zarten blauen Schleier gehüllt, wie man ihn hier nicht oft sieht. Bald aber brach die Sonne strahlend durch; die einzelnen Bergköpfe wurden frei, und als wir nach einer Stunde den Kanal von Korfu durchschnitten hatten, war schönstes Wetter. Neugierig betrachteten wir die öde Küste von Epirus, an der nur die Ruinen eines alten Kastells, sonst aber weit und breit kein Haus, kein Mensch, keine Spur von Kultur zu sehen war. Hier in der einsamen Bucht von Butrinto stand nach der Sage einst die Burg von Neu-Ilion, von Andromache und Helenos gegründet; und hier traf auch Äneas auf seinen Irrfahrten mit ihnen zusammen. Unsere Dampfbarkasse lief nun in die Mündung des Flusses Butrinto ein, den Abfluß des großen Livuri-Sees, der eine Stunde oberhalb sich in einem weiten Talkessel ausbreitet. Die niederen, sumpfigen Ufer des Flusses sind dicht mit hohem Schilfe bewachsen, und bei unserer Annäherung flogen Scharen von Wasservögeln aus demselben empor. Große karpfenartige Fische schnellten über den Wasserspiegel heraus. Nach einer halben Stunde erblickten wir am rechten Flußufer die Ruinen eines alten römischen Kastells, darüber auf einem Hügel die Trümmer und Mauern einer Venetianer-Festung. Gegenüber am linken Ufer erschien die kleine Stadt Butrinto oder Butzindro, nahe dem Buthrotum der Alten, ein elender Ort, der uns in seinen schmutzigen Hütten und noch schmutzigeren, zerlumpten und bettelnden Bewohnern ein Charakterbild vom Kulturzustand der europäischen Türkei gab. Der wachhabende Gendarm erteilte uns, nach Vorzeigung eines Permesses vom türkischen Konsul in Korfu, die Erlaubnis zum Passieren der Flußsperre, und weiter dampften wir den Strom hinauf, bald in den See hinein. Einsam und lautlos lag die weite, grüne Spiegelfläche vor uns. Nur dann und wann wurde die Stille durch aufgescheuchte Wasservögel oder durch einen plätschernden Fisch unterbrochen. Der See ist sehr reich an vielen Arten von Fischen und von Vögeln. Nordwärts uns wendend, durchschnitten wir den See seiner Länge nach.

Die Szenerie des Livuri-Sees ist wild und großartig: ringsum hohe Berge, unten größtenteils dicht mit Buschwald, teilweise auch mit Hochwald bedeckt, oben kahl und öde; im Norden und Osten darüber emporragend Ketten von höheren Gebirgen, in schimmernden Schnee gehüllt. Von menschlichen Ansiedelungen war auch hier weit und breit keine Spur zu sehen. Nur drüben am östlichen Gestade schien ein kleiner Ort zu liegen. Die Ufer sind teils felsig, teils mit hohem Schilf bewachsen. Überall flogen bei unserer Annäherung zahlreiche Wasservögel auf: wilde Enten, Schnepfen, Wasserhühner, Möwen; und weiterhin sahen wir auch einen Schwarm Pelikane. Aus dem Buschwald sprang hier und da ein schüchternes Reh hervor.

Auf einem Vorsprunge des Ufers am nordwestlichen Gestade des Sees landeten wir. Ein sanft geneigter Rasenplatz, dessen frisch aufgewühlte Erde die deutlichen Spuren eines Besuches wilder Schweine in letzter Nacht zeigte, bot uns eine passende Lagerstätte. Im Schatten einer Eiche nahmen wir unser mitgebrachtes Frühstück ein. Dann teilte sich die Gesellschaft. Einige gingen auf die Jagd, andere an das Seeufer. Ich stieg auf die nächstliegende Berghöhe im Norden. Mühsam durch dorniges Gestrüpp mich hindurchwindend, gelangte ich in 1 Stunde auf den kahlen Gipfel eines fast senkrecht gegen den See hin abstürzenden Felsens. Das kleine Plateau bot eine hübsche Rundsicht auf Meer und Gebirge, wie über den ganzen See und dessen Umgebung. Üppige Vegetation von Schlingpflanzen und dornigen Sträuchern vielerlei Art bedeckte jeden Fuß breit Boden, der nicht vom nackten Fels eingenommen wurde. Eichen, Buchen, Strandkiefern, Eschen wuchsen bunt durcheinander.

Am Nachmittag traten wir unseren Rückweg an. Längs des westlichen Seeufers hinfahrend, entdeckten wir im Grunde einer kleinen, schilfigen Bucht eine Sommeransiedelung albanesischer Hirten. Auf einem kleinen, halb im Gebüsch versteckten Rasenplatze standen drei kegelförmige oder vielmehr glockenförmige Rohrhütten von 10—12 Fuß Höhe und ebensoviel Durchmesser. Ein paar nackte Kinder spielten vor denselben und erhoben bei unserer Annäherung ein lautes Geschrei. Wilde, zottige Wolfshunde stürzten bellend hervor, und nur mit Mühe konnten wir uns ihres wütenden Angriffs erwehren. Dann trat aus einer der Hütten ein junges, in elende Lumpen gehülltes Mädchen; aus dem Busch sprang ein hübscher, mit einem zottigen Ziegenfell bekleideter Knabe.

Einer unserer Schiffsleute unterhielt sich mit ihnen in albanesischem Dialekt und erfuhr, daß sie zu einer Horde von Nomaden gehörten, welche mit ihren Ziegen und Schafen ohne festen Wohnsitz das öde Land durchstreifen, den Sommer im Gebirge, den Winter in der Niederung weidend. In die Hütten eintretend, erblickten wir ein Bild von primitiver Kultur, wie man es wohl unter den Wilden Afrikas, aber nicht in einem Winkel des gesitteten Europas zu finden erwarten durfte. Auf dem nackten, festgestampften, unebenen und steinigen Boden lagen mehrere Ziegenfelle, die Schlafstätten der Bewohner. In der Mitte zeigte ein Kohlenrest auf einer geschwärzten Stelle den erloschenen Feuerherd an. An der Wand lehnte eine alte Feuersteinflinte mit langem Lauf; daneben hingen an einem einfachen Roste einige rohe Messer und geschnitzte Holzlöffel. Ein paar Wasserkrüge und Töpfe vervollständigten den ganzen Hausrat. In den Zelten der wandernden arabischen Hirten, die ich vor zehn Jahren in Marokko besuchte, hatte ich mehr häuslichen Komfort und mehr wertvollen Besitz gefunden, als in diesen ungastlichen Albaneserhütten! In einer der Hütten fanden wir auf dem nackten Boden sitzend ein armes Weib von etwa 30 Jahren, in Lumpen gehüllt, laut stöhnend und von heftigem Fieber geschüttelt, im Schoße ihr nacktes, vor zwei Tagen geborenes Knäblein, daneben einen Krug Wassers, ihre einzige Erquickung; kaum konnte sie für unsere Geschenke danken; ein erschütterndes Bild menschlichen Elends! Wir konnten den düsteren Eindruck dieser Szene lange nicht vergessen. Erst als wir den Bucintro-Fluß im Rücken hatten und nun im freundlichen Glanze der Abendsonne nach der schimmernden Phäakeninsel zurückdampften, gewannen wir wieder die heitere Stimmung, die auf diesem beglückteren Eilande heimisch ist.

Das war eine leibhaftige Illustration der orientalischen Frage! Denn dieselbe primitive Kulturstufe, dieselbe Verwilderung, derselbe Mangel an jedem Bedürfnis höherer Zivilisation ist nicht etwa zufällig hier auf einen entlegenen Küstenstrich beschränkt, oder durch dessen ungünstige Lokalverhältnisse bedingt, sondern er findet sich gleicherweise im größten Teile des türkischen Reiches. Mit „liberalen Reformen" oder gar mit dem Schattenspiele eines Parlaments ist hier nichts zu tun, denn die Herrschaft des Serails kann ihrer altgewohnten Regierungsweise nicht entsagen, ohne sich selbst aufzugeben. Das osmanische Volk aber, so lobenswürdige und treffliche Seiten sein Charakter auch hat, ist eben unfähig, die Kultur des europäischen Abendlandes zu verstehen und sich anzueignen. Niemals wird die Türkei unter dem Zepter des Halbmonds eine selbständige Stimme in dem „europäischen Konzerte" erhalten, zu welchem die Kulturnationen unseres Erdteils durch ihre gemeinsamen Interessen solidarisch verbunden sind.

Ganz abgesehen von den verschiedenen anderen Seiten hat die orientalische Frage, die jetzt wieder die große Tagesfrage Europas ist, jedenfalls ihre bedeutungsvolle nationalökonomische Seite. Denn sie enthält die Frage: Soll eins der schönsten, von der Natur am reichsten gesegneten Länder Europas, dessen Umfang denjenigen des vereinigten Königreiches Großbritannien übertrifft, ewig dazu verdammt sein, unter der Herrschaft eines asiatischen, höherer Kultur unfähigen Volkes eine Wüste zu bleiben? Sollen ausgedehnte Landstrecken, die mit Seen und Flüssen, Wäldern und fruchtbaren Ebenen reichlich ausgestattet sind, nur der Wohnsitz unsteter Nomaden und indolenter Fatalisten sein? Während das übervölkerte Europa alljährlich Scharen fleißiger Auswanderer mit großen Opfern nach den entlegensten Erdteilen sendet, bleibt eines der reichsten und fruchtbarsten Länder unseres eigenen Erdteils brach liegen und ernährt nicht den zehnten Teil der Bevölkerung, die es bei leidlichem Anbau unter einer zivilisierten Regierung zu ernähren vermöchte. Eine wahrhaft zivilisierte Regierung kann aber die hohe Pforte niemals werden. Denn mit den Glaubenssatzungen des Islam sind zahlreiche Vorstellungen und Einrichtungen verbunden, welche mit den Kulturbegriffen des heutigen Europa sich durchaus nicht vereinigen lassen. Wir erinnern nur an die niedere Sklavenstellung des Weibes, an die blinde Unterwerfung unter ein unabänderliches Schicksal, an die Verachtung jeder geistigen Arbeit und die Scheu vor der aktiven Arbeit überhaupt. Der Wert und die Bildung des Kulturlebens beruht aber auf der Arbeit!

Schließen wir daher mit dem Wunsche, daß das blutige Drama, dessen erster Akt sich soeben auf der Balkanhalbinsel abspielt, seine endliche definitive Lösung mit der Befreiung derselben vom Joche des osmanischen Despotismus finden möge. Nicht das ist zu wünschen, daß der russische Doppeladler sich dieses ungehobenen Schatzes bemächtige und dem Panslavismus Vorschub leiste. Vielmehr ist zu hoffen, daß unter der Garantie der vereinigten europäischen Großmächte ein selbständiges neugriechisches Reich entstehe, welches zahlreiche germanische und romanische Einwanderer aus dem Abendlande an sich zieht und damit die fehlenden Keime der höheren Kultur in sich aufnimmt. Dann erst wird dieser fruchtbare Boden beginnen, die reichen Ernten zu reifen, zu denen ihn seine natürliche Beschaffenheit, wie die seltene Gunst des Klimas und der Lage nicht weniger berechtigt, als das benachbarte Italien. Dann erst wird die herrliche Balkanhalbinsel ein wirklicher Bestandteil Europas werden. Und wenn künftig der Wanderer von Korfu nach dem nahen Albanien in einer Stunde hinüber fährt, wird er nicht mehr in eine wilde Waldwüste, sondern in einen gesegneten Olivenhain treten, gleich demjenigen der Phäakeninsel!

V.
Der Adams-Pik auf Ceylon
(1883)

Unter den hervorragenden Berghöhen, welche seit grauem Altertum besondere Gegenstände der Bewunderung und Verehrung für die Menschen gewesen sind, nimmt der weltberühmte Adams-Pik auf Ceylon eine der ersten Stellen ein. Denn seit mehr als zwei Jahrtausenden verherrlicht ihn die Sage bei den größten Kulturnationen Asiens als Schauplatz der ältesten und wunderbarsten Ereignisse. Wie schon der Name sagt, ist seine Geschichte mit dem Schicksale des Mannes verknüpft, der nach dem Mythus der mosaischen Schöpfungsgeschichte als erster Mensch erschaffen und gemeinsamer Stammvater der ganzen Menschheit wurde. Aber nicht allein der Adam der mosaischen Legende, der von hier sowohl in das Christentum als in den Islam als erster Mensch herübergenommen wurde, spielt auf dem sagenumwobenen Adams-Pik eine hervorragende Rolle; sondern auch Buddha, der Gründer der weitverbreiteten Weltreligion, und Siva, sein mächtiger brahmanischer Rivale. Wie Ceylon selbst lange Zeit als das eigentliche Paradies galt, und wie es hinsichtlich seiner wunderbaren Naturpracht wirklich den Namen eines irdischen Paradieses verdient, so ist auch die Geschichte von Adam und Eva, den ersten Paradiesbewohnern, mit derjenigen seiner merkwürdigsten Bergspitze verwebt; und wie die mannigfaltigsten Schling- und Kletterpflanzen in unübertroffener Schönheit und Fülle die gewaltigen Baumriesen von Ceylon mit phantastischem Schmuck umranken, so hat die erfindungsreiche religiöse Dichtung die kegelförmige Spitze des Adams-Pik oder des Samanala mit einem Kranze von wunderbaren Legenden umsponnen.

In erster Linie verdankt der Adams-Pik diese hervorragende Rolle offenbar seiner ausgezeichneten Lage und Gestalt. Spitz wie ein schlanker Zuckerhut erhebt sich sein Felsenkegel an der südwestlichen Ecke des zentralen Gebirgslandes, hoch alle benachbarten Berggipfel überragend. Allerdings ist er nicht der höchste von allen. Denn der Pedura-Talla-Galla, im Zentrum des Hochlands bei Nurellia gelegen, übertrifft ihn um volle 1000 Fuß und erreicht 8200 englische Fuß Meereshöhe. Aber der Pedura bildet gleich den allermeisten Bergen von Ceylon eine rundlich gewölbte Gneiskuppe von wenig auffallender Form und tritt neben seinen gleichgestalteten Nachbarn wenig hervor. Im Gegensatze dazu macht sich der schlanke Kegel des Adams=Pik um so mehr geltend, als seine flachgewölbten Nachbarkuppen bedeutend niedriger sind. Er krönt gewissermaßen als südwestlicher Eckturm die steile Gebirgsmauer des Hochlandes, das als zusammenhängende Urgebirgsfeste in der Südhälfte der Insel emporsteigt. Weithin ist daher der Pik auch bei klarem Wetter sichtbar und bildet auf viele Meilen Entfernung die ersehnte Landmarke, welche dem Seefahrer die Nähe der immergrünen Wunderinsel ankündigt. Häufig ist sein isoliertes Haupt mit einer einzelnen Wolke, wie mit einem Hute bedeckt, und dann erinnert er an einen Vulkan mit seiner Rauchsäule, an den Vesuv mit seiner Pinienwolke.

Hervorragende Berggipfel, welche in ähnlicher Weise, bald mehr durch isolierte Lage, bald mehr durch auffallende Gestalt sich bemerkbar machen, sind in vielen verschiedenen Ländern seit altersgrauer Vorzeit Gegenstand phantasiereicher Dichtung und abergläubischer Verehrung geworden. Oft haben auch besondere, an solche isolierte Bergspitzen geknüpfte Naturerscheinungen, oder die mit ihrer Ersteigung verknüpften Gefahren Veranlassung gegeben, sie mit einem Gewande von geheimnisvollen Sagen oder religiösen Mythen zu schmücken. Wir brauchen bloß an unseren Brocken im Harze, oder an die Schneekoppe im schlesischen Riesengebirge zu denken. In Neapel ist der feuerspeiende Vesuv, in Sizilien der gewaltige Ätna, in Griechenland der heilige Götterberg Olympus, in Arabien der einsame Sinai der Mittelpunkt eines solchen Sagenkreises geworden. Kein Wunder, daß bei dem phantasiereichen Volke der alten Inder, inmitten der großartigsten Pracht der Tropennatur, der imposante Pik von Ceylon frühzeitig eine ähnliche Bedeutung gewann.

In den alten einheimischen Annalen der Singhalesen, in dem berühmten Geschichtswerk des Mahavanso, tritt der Adams=Pik schon vor mehr als zwei Jahrtausenden auf, und zwar als Samanala, oder Samanto-Kuta, als die Burg des Wächtergottes Saman. Zuerst wird er erwähnt in der Legende des frommen Heldenkönigs Dutu Gameni, 150 Jahre vor Christi Geburt. Die Priester, welche dessen Sterbebett umstehen, preisen seine vielen guten Werke; sie erzählen das Wunder vom Reiskorn, welches der gute König als Almosen verteilt hatte und welches von den Priestern auf dem Gipfel des Wächterberges noch unter 900 andere Priester verteilt werden konnte.

Die Burg des Wächtergottes gilt in dieser uralten Sage bereits als berühmtes Heiligtum, und dies gestattet den Schluß auf ein noch viel höheres Alter des betreffenden Kultus. In der Tat spielt derselbe bereits in den ältesten Legenden des Buddhismus eine Rolle, wie die schöne Insel selbst in dieser mächtigsten Religion des Ostens. Als Buddha inmitten eines furchtbaren Gewittersturmes herniederfährt, betritt er die grüne Insel unter Donner und Blitz; er verjagt das wilde Heer der bösen Geister, die bis dahin Lanka-Diva, die glückselige Insel, beherrscht hatten, und schlägt selbst inmitten dieses Paradieses seinen Sitz auf. Hier verkündigt er zuerst sein Evangelium vom Nirwana und lehrt die Menschen ihr Glück in der Entsagung suchen: ohne Wunsch zu leben, um ohne Furcht zu sterben. Hier ist es, wo der Pessimismus, die in unsern Tagen wieder auflebende Philosophie des Unbewußten, zuerst klaren Ausdruck fand:

> „Resignation, dies herbste aller Worte,
> Eröffnet uns allein des Friedens Pforte!"

Andächtig lauscht das zusammengeströmte Singhalesenvolk der Heilsbotschaft des Mensch gewordenen Gottes. Die berauschende Pracht der umgebenden Tropennatur, die uns armen Nordländern als der verkörperte Paradiesgarten erscheint, hindert die Eingeborenen nicht, auf alles Glück derselben Verzicht zu leisten; und dem Beispiele seiner versammelten Fürsten und Adelsgeschlechter folgend, wird bald das Lankavolk zur Buddhalehre bekehrt. Als bleibende Denkmäler seines Besuches hinterläßt Buddha bei seiner Himmelfahrt nicht allein eine Handvoll seines Haupthaares, sondern auf besonderes Gebet des Königs auch den Eindruck seines Fußes. Dieser heilige Fußtapfen, der wundertätige Sripada, blieb an dem Punkt zurück, auf welchem der Fuß des Buddha die Erde zum letzten Male berührte, auf der höchsten Felsenspitze des Samanala.

Seit dieser Zeit, also seit mehr als 2500 Jahren, entwickelte sich dieses Heiligtum zu einem Wallfahrtsorte ersten Ranges, zu welchem in zunehmendem Maße die gläubige Buddhistenwelt des ganzen Ostens zusammenströmte. Aber ehe sie dahin gelangten, mußten die frommen Pilger sich durch dichte Urwälder hindurcharbeiten, reich an Elefanten, Bären, Leoparden und anderen wilden Tieren; sie mußten zahlreiche Bäche und Ströme durchkreuzen, die in wilden Schluchten als brausende Wasserfälle herabstürzen; sie mußten an senkrechten Felswänden emporklimmen, die allein dem fliegenden Vogel zugänglich erschienen. Freilich, je größer diese Gefahren und Beschwerden, desto höher das Verdienst der gläubigen Wallfahrer. Auch sorgten kluge Priester schon frühzeitig dafür, daß ein Opferbecken auf dem Gipfel die reichen Spenden der wohlhabenden Pilger aufnahm, und daß ein verheißungsvoller Legendenkranz das Verdienst dieses Peterspfennigs in gehöriges Licht setzte.

Schon im zehnten Jahrhundert nach Christi Geburt hatten die Wallfahrten auf den Adams-Pik eine solche Ausdehnung erlangt, daß der fromme König Khirti Nissunka Wijeya Chako, von der beschwerlichen Pilgerfahrt zurückgekehrt, es für nötig fand, besondere Zugangswege für dieselbe durch die ganze Insel anzulegen und allenthalben freie Herbergen für die Pilger zu errichten, Tschultris oder Ambalams. 300 Jahre später wurde an Stelle des alten, äußerst mühsamen und gefährlichen Pilgerpfades ein bequemerer Weg angelegt und über die wildesten Bergströme eine Anzahl von Brücken gebaut, stark genug, um selbst Pferde und Elefanten zu tragen. Über dem heiligen Fußtapfen des Buddha selbst erhob sich ein kleiner Tempel.

Der „Sripada" oder der heilige Fußtapfen in der Felsenspitze des Samanala ist aber nicht allein Gegenstand höchster Verehrung für die Buddha-Religion, der fast zwei Drittel der Inselbevölkerung, die eigentlichen Singhalesen, zugetan sind. Vielmehr wird derselbe in gleicher Weise als wundertätige Reliquie auch von den brahmanischen Anhängern der Hindu-Religion verehrt, zu welcher sich ungefähr ein Drittel der Ceylonbewohner bekennt, die schwarzen Tamilen oder Malabaren, Eroberer dravidischen Stammes, die von der indischen Halbinsel über die Adamsbrücke herübergekommen sind. Nach ihrer Legende ist es der Gott Siva, welcher bei seiner Himmelfahrt hier seine Spur hinterlassen hat.

Wieder eine andere Bedeutung wird dem Sripada von den mohammedanischen Arabern beigelegt, die schon sehr frühzeitig auf ihren unternehmenden Handelsfahrten gegen Osten Ceylon kennenlernten. Nach der arabischen Legende, die aus der älteren buddhistischen hervorwuchs, rührt der heilige Fußtapfen vom Stammvater des Menschengeschlechts, von Adam her. Als derselbe nach dem Sündenfalle aus dem Paradiese vertrieben wurde, ergriff ihn ein Engel beim Arm und setzte ihn auf dem Gipfel des nach ihm nunmehr benannten Ceylon-Piks nieder. Gleichzeitig büßte Eva, die schöne Verführerin, ihre Schuld auf dem weit entfernten einsamen Berggipfel Arafath, oberhalb des heiligen Mekka in Arabien. Wenn Adam hier wirklich all' den endlosen Jammer voraussah, den sein Genuß der Frucht vom Baume der Erkenntnis für das arme Menschengeschlecht bis auf den heutigen Tag zur Folge hatte, dann ist es freilich kein Wunder, daß sein stehender Büßerfuß sich tief in den harten Gneisfelsen der Bergspitze einbohrte und daß seine reuevollen Tränen einen kleinen See bildeten. Noch heute wird diese heilige Flut von den andächtigen Pilgern als wundertätiges Medikament gegen die verschiedensten Übel getrunken.

Der Islam hat übrigens diese Adamslegende gleich vielen anderen Sagen aus der christlichen Mythologie entnommen. Denn sie findet sich bereits drei Jahrhunderte vor Mohammed in dem berühmten Kopten-Manuskripte über „die Glaubensweisheit", aus dem 4. Jahrhundert nach Christus, welches Tertullianus dem großen Gnostiker Valentinus zuschreibt. Hier wird zum ersten Male der heilige Fußtapfen des büßenden Adam erwähnt und erzählt, wie der Erlöser der Jungfrau Maria mitteilte, er habe einen besonderen Engel als Wächter über denselben angestellt.

Auch die chinesischen Ceylonpilger haben zum Teil diesen Mythus adoptiert und beziehen den heiligen Fußtapfen auf Twan-Koo, den ersten Menschen, während andere ihn dem Buddha zuschreiben. Hingegen leiten ihn die ersten christlichen Eroberer der Insel, die Portugiesen, vom heiligen Thomas ab, dem Apostel, der hier zuerst das Christentum gepredigt habe. Wiederum eine andere Deutung gewann er schon frühzeitig bei den Persern. Hier ist der Urheber desselben Alexander der Große, dessen Inderzug für das ganze Morgenland eine reiche Sagenquelle wurde. Der persische Dichter Aschref aus Herath, der selbst eine Pilgerfahrt auf den Adams-Pik unternommen hatte, beschreibt in einem blumenreichen Epos den fabelhaften Seezug Iskanders oder Alexanders nach Serendib (der alte Name der Insel bei den Arabern). Der mazedonische Eroberer besteigt, am Ende der Welt angelangt, die höchste Bergspitze der wundervollen Paradiesinsel und hinterläßt daselbst als bleibendes Denkmal den Eindruck seines gewaltigen Fußes. Freilich wissen die griechischen Geschichtschreiber nichts von einer solchen Umschiffung Indiens und von dem Besuche Alexanders auf Ceylon; aber nichtsdestoweniger gewann auch dieser persische Mythus eine weite Verbreitung.

So ist es denn eine gar seltsame und wunderliche Gesellschaft, welche die erfindungsreiche Sage auf dem himmelanstrebenden Gipfel des blauen Ceylon-Piks versammelt. Da streiten sich um die Ehre ihres Fußtapfens der indische Gott Buddha mit dem christlichen Apostel Thomas, der brahmanische Gott Siva mit dem singhalesischen Wächtergott Saman, der mazedonische Welteroberer Alexander mit dem semitischen Urvater des Menschengeschlechts, mit Adam. Dieser letzte aber hat in dem schwierigen Wettkampfe den Sieg gewonnen; denn nach ihm wird der weltberühmte Berg noch heute endgültig benannt, und er ist es ja auch, der so vielen andern wichtigen Punkten der uralten Paradiesinsel seinen Namen hinterlassen hat. Denn die Adamsbrücke ist es, die Ceylon früher mit dem indischen Festlande in Verbindung setzte und auf welcher die indischen Tiere und Pflanzen in früheren geologischen Perioden ebenso auf die Insel hinüberwanderten, wie später die malabarischen Eroberer, die schwarzen Tamilen. Adamsgarten ist das prachtvolle, blumenreiche Paradies, welches sich am Fuße des Berges ausbreitet, und Adamsfrucht die herrliche Paradiesfeige oder Banane, die zu den edelsten Geschenken der reichen singhalesischen Flora gehört; sie bildete die Nahrung der ersten Menschenkinder, der Adamiten von Ceylon. Die kostbaren Edelsteine, an denen die Insel reich ist, sind Adamstränen. Eine dunkle Felsenhöhle unterhalb des Berggipfels ist das Adamshaus, von ihm selbst mit eigenen Händen aus Felsplatten erbaut; und die prachtvollen Rhododendronbäume, die dasselbe beschatten und mit ihren blutroten Riesenblumen überschütten, sind Adamsrosen. Der schöne Teich endlich am Fuße des Berges, dessen kristallklares Wasser ein Felsenquell direkt aus dem Paradiese herleitet, ist das heilige Adamsbad.

Angesichts dieses blumenreichen Sagengewandes, das den stolzen Adams-Pik vom Fuße bis zum Gipfel umhüllt, und das über drei Weltteile seinen mystischen Schatten ausbreitet, dürfen wir wohl mit Fug und

Recht behaupten, daß der heilige Wächterberg von Ceylon einer der merkwürdigsten Berggipfel unserer Erde sei, selbst ganz abgesehen von der unbeschreiblichen Naturpracht, welche die Tropensonne in verschwenderischer Fülle über seine Gestalt ausgießt. Wer daher in Ceylon war und den Adams-Pik nicht bestieg, begeht eigentlich eine größere Unterlassungssünde, als derjenige, welcher in Rom war und den Papst nicht gesehen hat. Trotzdem wird aber der wunderbare Berg in der Tat nur selten bestiegen; und unter hundert Europäern, die dort lebten oder sich vorübergehend dort aufhielten, ist wohl kaum einer auf seinen Gipfel gelangt. Freilich ist aber diese Pilgerfahrt auch heute noch keine Kleinigkeit und sie erfordert mancherlei Vorbereitungen und Hilfsmittel.

Die erste Besteigung des Adams-Pik, über die wir eine ausführliche Beschreibung besitzen, ist diejenige des arabischen Gelehrten Ibn Batuta, aus dem Jahre 1340. Derselbe wurde durch einen Sturm von den flachen Koralleninseln der Malediven nach Ceylon verschlagen; er sah den hohen Berg der Insel schon neun Tage lang wie eine gewaltige blaue Rauchsäule aus dem Meere emporsteigen. Den Ort, an dessen zimtreichem Gestade er landete, nennt er Battala, die Residenz eines ungläubigen Königs; es ist höchstwahrscheinlich das heutige Putalam, einige Tagereisen nördlich von Kolombo an der Nordwestküste. Von dem Könige gastfreundlich aufgenommen, reich beschenkt und nach seinen Wünschen befragt, äußert er als höchsten Wunsch, den Fußtapfen seines Altvaters Adam auf dem Gipfel des heiligen Berges zu sehen. Der König sichert ihm hierfür seine Unterstützung zu und läßt ihn in einem Palankin bis an den Fuß des Gebirges tragen, begleitet von zehn Kriegern seiner Leibwache, fünfzehn Trägern von Lebensmitteln, vier Brahmanen-Priestern und vier frommen Büßern, die jedes Jahr die Pilgerfahrt unternahmen und als Führer dienten.

Die Reise des arabischen Doktors geht zunächst längs der Küste nach Süden, dann ostwärts in das Innere der Wunderinsel hinein. Hier kommt er zur Residenzstadt des Kaisers, Kankar, die zwischen hohen Bergen und am Ufer eines großen Teiches liegt, in welchem Rubine und andere Edelsteine gefunden werden. (Vielleicht an der Stelle des heutigen Kandy?) Er sieht den prächtig geschmückten Kaiser auf einem weißen Elefanten reiten, dessen Kopf mit sieben großen roten Rubinen verziert ist, jeder größer als ein Hühnerei. Die Frauen gehen gleich den Männern fast unbekleidet, sind aber mit prachtvollem Rubinschmuck an Armen und Beinen geziert. Hinter Kankar beginnt der eigentliche Gebirgsweg, reich an Beschwerden und Gefahren. Zwei verschiedene Gebirgspfade führen zum Pik hinauf, nach Adam und Eva bezeichnet, als „Baba-Weg und Mama-Weg". Nur der Pilger kann das ganze Verdienst der beschwerlichen Pilgerfahrt in Anspruch nehmen, der beide Wege gewandert ist. Der Baba-Weg, nach Vater Adam so benannt, ist weit rauher und beschwerlicher als der Mama-Weg, der der Mutter Eva geweiht ist. Es scheint fast, daß ersterer der nördliche, letzterer der südliche von den beiden Pfaden ist, die auch gegenwärtig allein noch auf den Gipfel des Samanala hinaufführen.

Ibn Batuta schlägt auf der Hinreise den schwierigen Baba=Weg (von Norden herauf) ein, auf der Rückreise den sanfteren Mama=Weg (nach Süden hinab). Auf dem ersteren gelangt er zunächst an den berühmten Affenteich Buzuta. Die großen schwarzen Affen, die in dichten Scharen die Urwälder an seinen Ufern bewohnen, haben lange Schwänze und Bärte wie Männer (offenbar der schwarze Wanderuh, den auch ich in großen Scharen hier antraf). Nach der Versicherung der Pilger werden dieselben von einem alten König beherrscht, der eine Krone von Blättern trägt, einen langen Stab als Zepter führt und stets von vier mächtigen, mit Knüppeln bewaffneten Trabanten begleitet wird. In diesen Wildnissen wimmelt es von den bösen Landblutegeln, der größten Plage von Ceylon. Um sie zu entfernen, betupfte man sie schon damals, wie noch heutzutage, mit Limonensaft. Viele Pilger sollen den massenhaften Bissen dieser kleinen Teufel unterliegen und an Verblutung sterben. Durch dichte Wälder, an verschiedenen Teichen und wilden Höhlen heiliger Einsiedler vorüber, zwischen Felsenschluchten und über Wasserfälle hinauf, gelangte der arabische Gelehrte zur Iskander=Grotte. Diese Höhle, zu Ehren Alexanders des Großen benannt, enthält herrliches, erquickendes Quellwasser. Über ihr steigt jäh die eigentliche Felsenpyramide des Wächterberges empor; er ist einer der höchsten Berggipfel der Welt; die Wolken liegen tief unter den Füßen des hinaufklimmenden Pilgers. Die senkrechten Felswände sind nur dadurch zu ersteigen, daß schon seit alters her Stufen in dieselben eingehauen und neben denselben lange eiserne Ketten angebracht sind, an denen sich der Hinaufkletternde festhält. Ibn Batuta zählte zehn verschiedene solcher Ketten; die letzte heißt die „Kette der Erkenntnis", weil man hier durch den plötzlichen Blick in einen ungeheuren Abgrund überrascht wird. Endlich gelangte er wohlbehalten auf den Gipfel des spitzen Felskegels und konnte hier Adams Fußtapfen seine Verehrung bezeigen. Er fand ihn elf Spannen lang und umgeben von neun Nischen oder Opferbecken, in denen die frommen Pilger reiche Gaben von Gold und Silber, von Rubinen und anderen Edelsteinen niederlegten.

Auch die Rückreise des arabischen Doktors auf dem weniger gefährlichen Mama=Wege ist nicht ohne Interesse. Auch hier kommt er wieder an Edelsteingruben und Teichen vorüber, besonders aber an dem berühmten Lebensbaume des Paradieses, der nie ein Blatt verliert. Da ein jeder, der ein solches Blatt gegessen hat, sich völlig wieder verjüngt, so ist er stets von Pilgerscharen umlagert, die vergeblich auf das Abfallen eines Blattes warten. Höchst wahrscheinlich war dieser Lebensbaum einer von jenen uralten, mächtigen Buddhabäumen oder heiligen Feigenbäumen, den Bogaha (Ficus religiosa); sie werden noch heute überall in den Ländern des Buddha-Kultus als heilige Wunderbäume verehrt, weil Buddha sich unter ihrem kühlen, dichten Schatten am liebsten niederließ. Noch heute stehen sie überall neben den Dagoba, den glockenförmigen Reliquientempeln. Jede dieser heiligen Dagoba umschließt eine Reliquie des Gottes; leider ist dieselbe nur niemals sichtbar, da der geschlossene weiße Kuppelbau weder Türen noch Fenster besitzt.

Vom Adams-Pik reiste Ibn Batuta nach der großen Handelsstadt Dinara, wahrscheinlich dem heutigen Matura, berühmt durch einen ungeheuren Prachttempel. Tausend brahmanische Priester verrichteten hier den Gottesdienst, während 500 vornehme Jungfrauen vor einem goldenen Götzenbilde bei Tag und Nacht Gesänge und Tänze aufführten. Von da gelangte er längs der Küste nach Kali, vermutlich dem heutigen Colatura, und von hier nach Kalambu, damals schon der schönsten und größten Stadt der Insel. Es ist die heutige Hauptstadt Colombo. Eine Reise von drei Tagen nach Norden führte den arabischen Pilger von hier nach seinem Ausgangspunkte Battala zurück.

An diese Pilgerfahrt des Ibn Batuta, die älteste, von der wir genau unterrichtet sind, schließt sich als zweite schon neun Jahre später diejenige eines päpstlichen Legaten, des Florentiner Minoritenpaters Johannes de Marignola an. Er war früher Professor in Bologna gewesen und trat 1339 im Auftrage des Papstes Bedediktus XII. eine Gesandtschaftsreise nach Indien und China an. Auf der Rückreise, 1349, besuchte er auch Ceylon und führte eine Pilgerfahrt auf den heiligen Berg aus, „den höchsten nach dem Paradiese". Er schildert ausführlich insbesondere die Lebensweise der buddhistischen Mönche und Büßer, die in großer Zahl in den Höhlen und Wildnissen am Abhange des Berges wohnen.

In unserem Jahrhundert wurde der Adams-Pik zuerst 1817 von einem Europäer bestiegen, von dem britischen Militärarzte John Davy, einem Bruder des berühmten Physikers Sir Humphry Davy. Er führte die Besteigung von der Südseite aus, über Ratnapura und Palabatula, und das ist auch der Weg, den die meisten folgenden Reisenden einschlugen, von Deutschen insbesondere der Prinz Waldemar von Preußen, in dessen Begleitung der Naturforscher Hoffmeister war, später Friedau, Königsbrunn, Schmarda, Ransonnet und andere. Dieser südliche Weg hat den Vorzug, daß man in aller Bequemlichkeit auf guten Wegen bis nach Ratnapura, der berühmten Stadt der Edelsteine, fahren kann, und von hier noch über Gillimalle nach Palabatula, das unmittelbar am Fuße des jäh aufsteigenden Gebirgsstocks liegt. Aber der Bergpfad von hier hinauf ist äußerst steil und beschwerlich, und man ist genötigt, nahezu 7000 Fuß auf demselben ununterbrochen aufwärts zu steigen.

Bequemer und weniger anstrengend hat sich in neuerer Zeit die Ersteigung von der Nordseite gestaltet. Diese wurde zuerst 1819 von dem Engländer Sawers ausgeführt. Er war der erste Europäer, der eine Nacht auf dem Gipfel zubrachte. Auch dieser Bergpfad war damals noch äußerst beschwerlich aus Mangel an Wegen und Brücken. Sawers brauchte nicht weniger als fünf volle Tagereisen, um von Ambegamma, am Nordfuße des Pik in bedeutender Höhe gelegen, die kurze Strecke bis auf den Gipfel zurückzulegen. Undurchdringliche Urwälder, steile Felsgehänge, jähe Abgründe, wilde Bergbäche und Wasserfälle ohne Brücken erschwerten das Vordringen außerordentlich.

In den letzten vierzig Jahren ist das ganz anders geworden. Der vordringenden Kaffeekultur ist der größte Teil jener herrlichen Urwälder zum Opfer gefallen, und Hunderte von englischen Pflanzer-Bungalows sind allenthalben in den ausgedehnten Kaffee-, Tee- und Cinchonapflanzungen zerstreut. Gutgebahnte Pfade, zum Teil sogar bequeme Fahrwege führen von einer Pflanzung zur anderen; und über die Bergströme und Abgründe sind sichere Brücken geschlagen. Seit einigen Jahren führt selbst eine kleine Eisenbahn — ein südlicher Zweig der Colombo-Kandy-Bahn — von Peradenia über Gampola nach Nawala-Pitya, und von hier kann man in einem Postomnibus südwärts in 4—5 Stunden bis nach Dickoya gelangen. Letzteres ist aber nur einen Tagemarsch von den südlichsten Pflanzungen entfernt, die gegenwärtig schon bis unmittelbar an den nördlichen Fuß der Pik-Pyramide hinaufgehen.

Diesen bequemeren Weg schlug auch ich auf Anraten meiner Freunde ein, als ich im Februar vorigen Jahres eine Reise in das Gebirgsland von Ceylon unternahm. Gut mit Empfehlungen ausgestattet, fuhr ich von Peradenia am 10. Februar in einer Strecke ununterbrochen bis Dickoya und wanderte von da zu Fuß durch die südwestlichen Kaffeedistrikte des Hochlandes nach St. Andrews. Es ist dies die höchstgelegene Pflanzung unmittelbar am nördlichen Fuße des Adams-Pik, und an ihren gastfreien Besitzer, Mr. Christie, war ich schon vorher besonders empfohlen.

Der südliche Felsenabsturz des Samanala erhebt sich so steil aus der blühenden Ebene, in welcher am Ufer des herrlichen schwarzen Flusses, noch nicht 100 Fuß über dem Meeresspiegel, die Singhalesenstadt Ratnapura liegt, daß der rüstige, von hier aus emporklimmende Wanderer in einem Tage bis auf den Gipfel des heiligen Pilgerberges gelangen kann. Für die harten Beschwerden dieser anstrengenden Bergpartie wird man dabei durch den großen Genuß entschädigt, welchen der schnelle Wechsel der verschiedenartigen übereinander aufsteigenden Vegetationszonen gewährt. Allerdings ist dieser Wechsel nicht so auffallend, wie bei manchen höheren Bergen der heißen Zone, wie z. B. beim Pik von Teneriffa, bei dessen gelungener Besteigung ich vor 16 Jahren die einzelnen Pflanzengürtel in der Tat so regelmäßig geschieden fand, wie es Alexander von Humboldt schon früher beschrieben hatte. Aber der schneebedeckte Gipfel des Pik von Teneriffa erreicht auch fast die doppelte Höhe des Adams-Pik, und wir bleiben daher auf letzterem wie auf allen Hochgipfeln von Ceylon noch weit unter der Schneegrenze. Dahingegen ist andererseits hier, unter dem 7. Grade nördlicher Breite, die unvergleichliche Pflanzenpracht der Äquatorialzone in ungleich größerer Fülle und Mannigfaltigkeit entwickelt, als in dem reizenden Tale von Orotava an dem subtropischen Gestade der Kanarischen Inseln.

Bei der beständigen Temperatur von 22—26° R und bei der nahezu vollkommenen Feuchtigkeit der heißen Luft, welche in der südwestlichen Küstenzone von Ceylon herrscht, stellt dieselbe ein großartiges natürliches Treibhaus dar, dessen wundervolle Produkte von keiner anderen Gegend der Erde übertroffen werden. Hier finden wir vereint in der herrlichsten Entwickelung die edelsten und großartigsten von allen Gewächsen, die Palmen und Pisange, die Bambusen und Benyanen. Fast jede von den singhalesischen Hütten, die in dieser Kokosregion allenthalben zerstreut sind, ist von einem Kranze solcher prächtigen Tropenbäume geschmückt. Da wetteifert die stolze Kokos- mit der schlanken Arekapalme; der eichenartige Brotfruchtbaum mit dem zierlichen Melonenbaum. Die Pfefferrebe klettert um die Wette mit dem indischen Wein an den schlanken Stämmen empor und hängt in reizenden Festons und Kränzen von ihren Ästen herab. Unten aber bilden die riesengroßen Blätter der Bananen und Caladien, die handförmigen Blätter der Cassaven die schönste Umzäunung der idyllischen Gärten, in denen prachtvolle Blumen neben den nützlichsten Kulturgewächsen gepflanzt werden.

Sobald wir uns aus diesem üppigen Paradiesgarten zu den Vorbergen des Hochlandes erheben und die erste Stufe desselben emporsteigen, treten andere Kulturpflanzen an die Stelle der erstgenannten. Die wasserreichen Täler erscheinen terrassiert und mit einem zarten Sammetteppich belegt, dessen leuchtendes Grün dasjenige des schönsten englischen Rasenbeetes übertrifft. Es ist der junge Reis, der Paddy, der diese maigrünen Saatfelder bildet. In ihrer Umgebung und an den trockneren Stellen zwischen ihnen stehen Fruchtgärten, in denen die Orangen und Guayaven gedeihen, daneben die zottige Zuckerpalme, der Kittul, und die wundervolle Riesenschirmpalme, der Talipot.

Einige hundert Fuß höher verlassen wir diese zweite Palmenzone und treten nun aus der niederen Bergregion in die heiligen Säulenhallen eines Urwaldes, der die höchste Baumpracht unserer gemäßigten Zone eben so weit oder noch mehr überflügelt, als diese letztere die kümmerlichen Birken- und Föhrenwälder der nördlichsten Waldgürtel hinter sich läßt. Da wandern wir stundenlang aufwärts in einem Naturtempel, dessen schlanke, glatte Baumsäulen kerzengerade und unverzweigt sich zu 80— 100 Fuß Höhe erheben, ehe sie sich zu einer mächtigen dunkelgrünen Krone ausbreiten. So dicht ist das undurchdringliche Schattendach derselben, daß selbst die mächtige Tropensonne nur hie und da einen schwachen Lichtstrahl verstohlen in die tiefe Dämmerung fallen läßt, welche die kühlen Tempelhallen erfüllt. Garzinien, Dillenien, Terminalien und verschiedene Rubiaceen sind es, die nebst wunderbaren Fikus-, Ebenholz-, Sandelholz- und vielen anderen Waldbäumen dieselben zusammensetzen. Die prachtvollen, seltsamen Blüten von schmarotzenden Orchideen und Gewürzlilien zieren ihre Stämme. Kletternder Pandanus, Freycinetia, Purtaba und andere Schmarotzerbäume winden sich an den hohen Stämmen kühn empor, schwingen sich in stolzen Bogen von einem Baum zum andern und bilden die Turngerüste für die munteren Scharen der Affen und Eichhörnchen, die hier ihre bewunderungswürdigen gymnastischen Künste zeigen. Prächtige, metallglänzende, goldiggrüne Waldtauben, Papageien und Bienenfresser fliegen scharenweise hoch oben zwischen den Kronen hin, während unten am rauschenden Waldbache große, blaugrüne Eisvögel mit der Fischjagd beschäftigt sind. Zwischen den braunen Luftwurzeln der Schmarotzerpflanzen hängen auch zahlreiche grüne von den Baumästen herab. Sobald wir diese letzteren aber erfassen wollen, entschlüpfen sie uns zwischen den Händen; denn es sind zierliche Baumschlangen, die sich mit ihrem dünnen Peitschenschwanze an einen Baumast aufgehängt haben. Auch die niedlichen kleinen Laubfrösche, die sich in den weißen Blumenkelchen der großen Lilien verstecken und da ihre glockenähnliche Silberstimme ertönen lassen, sind schön grün bemalt, und so tragen auch noch viele andere Tiere des Waldes auf der immergrünen Wunderinsel deren herrschende Charakterfarbe, entsprechend Darwins Gesetze der gleichfarbigen Zuchtwahl.

Wie gerne würden wir in dem kühlen Schatten dieser erhabenen Urwälder länger weilen und an den rauschenden Wasserfällen ihrer Bäche die zierlichen Farne und Selaginellen oder die seltsam gestalteten Balsaminen und Begonien sammeln, die deren Ufer schmücken; oder zwischen den pfeilförmigen Riesenblättern der Araceen die großen Nachtfalter und bunten Spinnen jagen; oder zwischen dem wirren Wurzelgeflecht der umgestürzten Baumriesen die goldglänzenden Prachtkäfer (Buprestis), zwischen ihrem abgefallenen Laub die wunderbaren ast- und blattgleichen Heuschrecken suchen, die stabförmigen Gespenstschrecken (Phasma) und die wandelnden Blätter (Phyllium). Aber leider drängt unsere Zeit; und leider lassen uns auch hier wieder die zahllosen kleinen Landblutegel nicht zu vollem Genusse gelangen.

Während dieser stolze Hochwald auf den steilen südlichen und westlichen Gehängen des Adams-Pik noch jetzt einen zusammenhängenden immergrünen Mantel bildet und an 4—5000 Fuß emporsteigt, ist er dagegen an der nördlichen und östlichen Seite jetzt größtenteils den vordringenden Kaffeepflanzungen zum Opfer gefallen. Er besteht hier nur noch in den steilen, unzugänglichen Felsenschluchten siegreich den Vernichtungskampf, mit dem ihn Axt und Feuer des feindlichen Pflanzers bedroht. Höher hinauf hingegen, oberhalb 5000 Fuß, ist auch jetzt noch der grüne Waldmantel des Pilgerberges unversehrt, und gerade die charakteristische Gipfelpyramide, welche sich gegen 2000 Fuß hoch weit über alle Nachbarn erhebt und über Land und Meer hinweg für den nahenden Schiffer das untrügliche Wahrzeichen der Insel bildet, gerade diese Landmarke ist noch jetzt bis zur höchsten Spitze hinauf von einer zusammenhängenden grünen Decke umschlossen.

In diesem obersten Gürtel, zwischen 5000 und 7000 Fuß, zeigt aber der Urwald eine ganz andere Zusammensetzung und Physiognomie, als in den zauberhaften grünen Tempelhallen, die wir soeben verlassen haben. Dieser Unterschied ist schon von ferne sichtbar, indem das matte, ins Graue spielende Grün der oberen Zone weit blasser erscheint als das intensive Dunkelgrün des unteren Waldgürtels. Das rührt hauptsächlich davon her, daß die lederartigen Blätter der immergrünen Bäume hier oben meistens matter auf ihrer Oberseite gefärbt sind, hingegen filzig oder silberweiß auf der Unterseite. Ihre dunklen Stämme sind knorrig, oft sehr winkelig verzweigt und von gelben Mosen dicht umhüllt. Die Waldbäume, die hier oben an die Stelle der vorher genannten der unteren Zone treten, gehören vorzugsweise zu den Familien der Myrten und Lorbeern, zu den Gattungen Eugenia und Syzygium, Tetranthera und Actinodaphne. Aber auch die indische Magnolie, die schöne Michelia, sowie das herrliche, baumförmige Rhododendron spielt in denselben eine große Rolle, und nicht minder das Lieblingsfutter der wilden Elefanten, die merkwürdige Nillustaude, die Akanthacee Strobilanthus. Die Elefanten gehen derselben fast bis zum Gipfel des Pik nach und wir waren nicht wenig erstaunt, ihre festgetretenen Pfade noch eine halbe Stunde unterhalb des Gipfels zu finden. Unser Gastfreund, Mr. Christie, hatte selbst noch im vorigen Jahre hier oben einen mächtigen Elefanten geschossen, dessen kolossaler Schädel unter den Jagdtrophäen in seinem Bungalow eine hervorragende Stelle einnahm. Es ist höchst überraschend, die frischen Spuren dieser schwerfälligen Kolosse an steilen, wenn auch dichtbebuschten Felsenabhängen zu finden, an denen sich der kletternde Wanderer nur mit Mühe emporarbeitet.

Auch Leoparden sind in diesen Walddickichten des Hochgebirges noch jetzt sehr häufig, und nicht minder der gefürchtete Lippenbär (Ursus labiatus). Diese Räuber leben hauptsächlich von der Jagd auf Elkhirsche (Russa hippelaphus), die noch in großen Scharen hier zu finden sind. Auch der große graue Affe des Hochlandes, Presbytis ursinus, fällt dem grimmen Leoparden hier oft zum Opfer. Wir sahen die schönen Felle beider in einem kleinen Bazar, den ein spekulativer Araber mitten am Pilgerwege errichtet hatte, ungefähr eine Stunde oberhalb St. Andrews.

Die Hütten, die diesen bunten Pilgerbazar bildeten, waren höchst malerisch im Grunde einer tief eingeschnittenen Schlucht gebaut; am Ufer eines rauschenden Gebirgsbaches, der in kühnen Sprüngen über steile Felsen an der Nordwestseite der Pikpyramide hinabstürzt. Nichts kann den romantischen Reiz dieser wilden Bergbäche in den Urwäldern des Gebirges von Ceylon übertreffen. Bald stürzen sie sich in ungezähmter Kraftfülle tobend und schäumend über senkrechte Felswände herab; bald springen sie im gemäßigten Laufe sprudelnd und rauschend über die Stein=

blöcke ihres Granitbettes; bald bleiben sie vor einer Quermauer, die das
letztere riegelartig durchsetzt, stehen und sammeln ihre klaren Wassermassen zu einem kleinen Teich oder Seebecken an, in dem der Himmel
das Spiel seiner ziehenden Wolken abspiegelt. Allenthalben aber sind
diese herrlichen Gewässer von einem üppigen, grünen Rahmen eingefaßt,
dessen Reize weder Feder, noch Pinsel vollkommen wiederzugeben
vermögen.

Wohl die höchste Zierde dieser wasserreichen, kühlen Bergbachbetten
sind die prächtigen Baumfarne, eine der edelsten Vegetationsformen,
von deren Schönheit uns die verkrüppelten Exemplare in unseren Treib-
häusern kaum eine annähernde Vorstellung geben können. Sie ersetzen
im Hochlande den Schmuck der Palmen, der fast ausschließlich auf das
heiße Tiefland beschränkt ist. Aus einiger Entfernung sind beide zum
Verwechseln ähnlich. In beiden trägt der schlanke, ungeteilte, hoch auf-
strebende Stamm eine einfache Krone von riesengroßen Fiederblättern;
diese Wedel sind aber bei den Farnbäumen viel zarter und feiner, viel
tiefer eingeschnitten und viel mehr fiederig zusammengesetzt, als bei den
derberen und robusteren Palmen. Neben diesen Farnbäumen (Alsophila)
sind es aber auch niedere, stammlose Farnkräuter (Angiopteris), die durch
die kolossale Größe ihrer 15—20 Fuß langen Wedel an den Ufern dieser
Bergbäche unser höchstes Erstaunen hervorrufen.

Ein anderer Schmuck derselben besteht in den reizenden Lianen, in
den mannigfaltigen Schling- und Kletterpflanzen, die in üppigster Fülle
Stamm, Äste und Zweige der Bäume bedecken. Bald hängen sie gleich
den zierlichsten Ampeln von den Kronen senkrecht herab, bald schlingen
sie sich rings von Zweig zu Zweig wie bei einem schöngeputzten Weih-
nachtsbaum; bald umhüllen sie die mächtigen alten Baumstämme mit
einem dichten grünen Mantel; und bisweilen erscheint dieser letztere mit
prachtvollen Blumen wie mit leuchtenden Edelsteinen verbrämt. Besonders sind es unter diesen Lianen die Orchideen, Ingwer, Gewürzlilien
und die kletternden Pandangs (Freycinetia), die durch die Farbenpracht
und seltsame Form ihrer großen Blütenähren unser Entzücken erregen.

Bald sollten wir aber den Nutzen dieser Lianengeflechte im Urwalde
noch näher kennen lernen. Denn nachdem wir oberhalb des Wasserfalls
auf einem Baumstamme über den tosenden Bach glücklich hinüber balan-
ciert waren, führte uns unser schmaler und beschwerlicher Pilgerpfad in
ein Dickicht hinein, dessen Baum- und Strauchmassen durch erstaunliche
Lianengeflechte zu einer geradezu undurchdringlichen Mauer verwebt
waren. Keinen Schritt weit konnten wir seitlich von dem glatt getretenen
Wege abweichen, der nur durch Tausende von Pilgern gangbar erhalten
wird. Über eine Stunde stiegen wir so in einem grünen Tunnel empor,
dessen mächtiges Schattendach keinen Sonnenstrahl durchdringen ließ
und uns durch seine kühle Dämmerung die heiße Mühe des jähen Kletterns
wesentlich erleichterte. Aber nicht allein dieses kostbare Schattendach

bilden die mächtigen Netze der verwebten Lianenstricke über unseren Häuptern, sondern auch förmliche Leitersprossen am Boden zum Anklammern der Füße, und zu beiden Seiten biegsame, aber feste Treppengeländer, an denen wir uns mit den Händen emporziehen.

Mitten in diesem reizenden, immergrünen Gange begegneten wir einer Pilgerschar von etwa 30 schwarzen Tamilen oder Malabaren; halbwilden Leuten von jener interessanten Dravidarasse, die wahrscheinlich zu den Urbewohnern Vorderindiens gehört. Vor mehr als 1000 Jahren sind sie vom Festland auf die Insel herübergekommen und haben fast deren Hälfte mit Gewalt erobert; gegenwärtig bilden sie die Hauptmasse der Arbeiter in den Kaffeeplantagen und besiegen in friedlichem Wettkampfe fleißiger Arbeit die trägen und weichlichen Singhalesen. Bei der geringen Breite des steilen Waldpfades blieben die Tamilpilger ehrerbietig stehen, um uns aufwärts Klimmende erst vorüber zu lassen, und so fanden wir Gelegenheit, die Schönheit ihres schlanken und doch kräftigen Körperbaues aus nächster Nähe zu bewundern; um so mehr, als die Kleidung der meisten sich auf einen weißen Turban und einen roten Lendenschurz beschränkte. Alle Lebensalter waren unter dieser Pilgerschar vertreten, vom reizenden jugendlichen Knaben und zierlichen Mädchen bis zum zitternden Greise und der welken Matrone; und die kräftigen Frauen trugen selbst teilweise einen Säugling am Busen oder ein einjähriges Kind reitend auf der Hüfte. Denn es gilt sowohl bei diesen brahmagläubigen Tamilen als bei den buddhagläubigen Singhalesen für höchst verdienstlich und gottgefällig, die Pilgerfahrt auf den heiligen Berg schon in frühester Jugend zu unternehmen; nicht allein glauben die frommen Pilger sich dadurch Gesundheit und langes Leben zu sichern, sondern auch Schutz vor bösen Geistern und Vergebung für zukünftige Sünden.

Ein interessantes Schauspiel ganz anderer Art überraschte uns, als wir eine viertel Stunde später abermals einen rauschenden Waldbach überschritten, und durch einige prachtvolle Balsaminen verlockt, einen kleinen Seitenabstecher im Flußbette aufwärts machten. Bei einer plötzlichen Biegung desselben standen wir vor einem reizenden Bassin, das von hohen Urwaldriesen eingeschlossen und mit kühnen Girlanden phantastisch verziert war. Eine Herde von großen grauen Gebirgsaffen (Presbytis ursinus), deren lebhafte Stimmen wir schon unmittelbar vorher gehört hatten, trieb hier ihr munteres Spiel, wurde aber durch unsere unvermutete Erscheinung so erschreckt, daß sie eilends auf die entgegengesetzte Seite flüchtete. Dabei benutzten die kühnen Seiltänzer die überhängenden Lianen als Klettertaue, mit erstaunlicher Geschicklichkeit sich von einem Baum zum anderen schwingend.

Als wir etwas weiter oberhalb aus dem schattenspendenden Dickicht heraustraten, standen wir unmittelbar vor einer hohen Felsenwand, in der eine lange Treppe von eingehauenen Stufen aufwärts führte. Am oberen Rande derselben bemerkten wir auf einer vorspringenden Plattform mehrere Ambalams oder Pilgerherbergen. Wir hatten schon weiter unten mehrere derselben passiert. Diese Gruppe aber war weit ansehnlicher und bildete die letzte Hauptstation auf dieser Nordseite des Pikkegels. Viele Pilger sind schon hier von den Beschwerden des steilen und steinigen Weges so ermüdet, daß sie daselbst übernachten, obgleich man von hier bis zum Gipfel kaum mehr als eine starke Stunde zu klettern hat, freilich sehr mühselig. Andere Pilger rasten hier nur ein paar Stunden und erquicken sich an feilgebotenen Früchten oder an Curry und Reis, welchen sie sich selbst am offenen Feuer bereiten. Ein großes solches Feuer flackerte gerade am oberen Felsrande unter einem Zelte von hohen Bäumen; eine Schar von braunen Singhalesen war malerisch rings um dasselbe gelagert.

Nach kurzer Rast bei diesem Ambalam und erquickt durch den Genuß einiger saftiger Bananen, brachen wir auf, um die letzte und steilste Strecke unserer Pilgerfahrt zu vollenden. Es beginnt nun jener berüchtigte und gefürchtete Teil der höchsten Pik=Pyramide, an welchem auf lange Strecken Treppenstufen in den nackten, jähen, oft senkrecht aufsteigenden Felsenabhängen angebracht sind, und zur Seite derselben mächtige eiserne Ketten, an denen man sich beim Aufwärtsklimmen festhalten muß. Manche von diesen Riesenketten, von frommen Pilgern gestiftet, sind wohl über 1000 Jahre alt; die verwitternden und verrostenden Ringe werden aber stets durch neue ersetzt. Starke eiserne Pflöcke, in den nackten Gneisfelsen tief eingetrieben, halten von Strecke zu Strecke die klirrenden Ketten fest.

Für Bergwanderer, die zum Schwindel geneigt sind, ist dieser Kettenpfad freilich kein passender Weg, und wir mußten um so mehr die Kletterkünste der schwarzen Tamilfrauen bewundern, die, mit Säuglingen und Kindern beladen, oft dazu noch einen Korb mit Lebensmitteln auf dem Kopfe, hier frei hinauf und hinab balancierten, mit den beweglichen Zehen der nackten Füße sich gleich Vierhändern anhaltend. Aber wenn diese Himmelsleiter auch sehr beschwerlich ist und höchst gefährlich aussieht, so ist sie das doch nur an wenigen Stellen. Denn wenn man, wie es oft geschieht, auf den schlüpfrigen Steinstufen ausgleitet oder wenn die trügerische Kette den Händen entschlüpft, so stürzt man nicht in eine jähe Tiefe, um unten zerschmettert liegen zu bleiben, sondern man fällt in ein weiches, grünes Bette, in dem höchstens einzeln hervorragende Baumäste uns einige unsanfte Rippenstöße erteilen. So undurchdringlich ist auch hier die zauberhafte Fülle der wuchernden Tropenvegetation, und so dicht werden die Laubmassen durch schlingende Lianen verwebt, daß aus der jähen Tiefe vielfach die wogenden Blätterkissen der hohen Baumkronen bis zum Fuße des Wanderers heranreichen und bei einem unvorsichtigen Fehltritte den Fallenden in ihren weichen Armen auffangen.

Endlich war auch diese letzte Prüfung glücklich überstanden. Nachdem wir die oberste Kettentreppe erklommen hatten, erblickten wir unmittel=

bar über uns die nackte Felsenspitze des Wunderberges und auf derselben den weltberühmten Buddhatempel, das Endziel unserer mühsamen Pilgerfahrt. Wenige steile Stufen noch und wir standen am Eingang in das ehrwürdige Heiligtum, ehrerbietig begrüßt von den alten weißbärtigen Buddhapriestern, die hier als Wächter dasselbe hüten und die Opfer der Wallfahrer entgegennehmen. Sie wohnen indessen hier oben nur 4—5 Monate, von Januar bis April oder Mai. Während des übrigen Jahres ist der Samanala wegen der täglichen, überaus heftigen Regengüsse ganz unzugänglich.

Der oberste Gipfel des Adams-Pik entspricht ganz den Vorstellungen, die wir uns als kleine Kinder von hohen Bergspitzen zu machen pflegen; wir denken sie uns so spitz zulaufend, wie einen Zuckerhut, und begreifen nicht, wie ein Haus da oben stehen kann. In der Tat ist die oberste Gneiskuppe des Samanala so zugespitzt, daß nur das kleine Heiligtum darauf Platz findet, welches sich baldachinartig über dem heiligen Fußtapfen wölbt. Und auch unmittelbar am Fuße dieses heiligen Felsblockes, 20 Fuß tiefer, ist der Raum so beschränkt, daß neben der schmalen, hinaufführenden Treppe nur ein paar enge Priesterwohnungen nebeneinander stehen, winzige, einstöckige Steinhütten. Dieser ganze enge Raum ist umfriedigt von einer niedrigen weißen Mauer mit zwei Eingangspforten, einer im Norden, der anderen im Süden. Die schönste Einfassung derselben aber bilden die prachtvollen Rhododendronbäume, die sich zu unsern nahe verwandten Alpenrosen ähnlich verhalten wie der tropische Riesenbambus zu unserem zarten Grashalm. Jeder Zweig dieser knorrigen, 30—50 Fuß hohen Bäume trägt ein schimmerndes Ballbukett, eine mächtige Rosette von dunkelgrünen Blättern, aus deren Mitte 20—30 prachtvoll scharlachrote Rosen hervorleuchten.

Nachdem wir die schmale Treppe hinaufgestiegen und unter das Dach des kleinen, halboffenen, baldachinartigen Tempelchens getreten waren, standen wir vor dem Sripada, vor dem ehrwürdigen Heiligtume, welches seit mehr als 2000 Jahren der Gegenstand andächtigster Verehrung für so viele Millionen frommer Pilger gewesen ist. Der heilige Fußtapfen an sich erscheint nicht geeignet, diese Anbetung zu rechtfertigen. Es ist eine einfache, länglich runde Vertiefung in der obersten Fläche der Felsenkuppe, 5¼ Fuß lang, 2½ Fuß breit. Es gehört viel Einbildungskraft dazu, um in diesem flachen Felsenbecken auch nur annähernd den Abdruck eines menschlichen Riesenfußes zu erkennen. Unsere Paläontologen, die aus den fünfzehigen und vierzehigen Fährtenabdrücken in bunten Sandstein und Keuper mit voller Sicherheit auf die Existenz der Reptilien, Vögel und Säugetiere schließen, die dort im Meeresschlamme vor Millionen von Jahren lustwandelten, würden sich schwerlich bereit finden, den Sripada hier als Abdruck eines Wirbeltierfußes gelten zu lassen. Indessen der feste Glaube vermag viel; und um der ringenden Phantasie skeptischer Pilger zu Hilfe zu kommen, haben die Buddhapriester

9*

schon seit langer Zeit dem verwaschenen Umrisse des Fußtapfens mit einer leistenförmigen Gipseinfassung nachgeholfen, die an einem Ende durch vier einspringende Kämme die Spalten zwischen den fünf Zehen angeben soll. Leider ist jedoch diese künstliche Nachhilfe so mangelhaft, daß man daraus nur auf eine recht plumpe Form des Fußes schließen kann. Um unsere kritischen Bedenken etwas zu beschwichtigen, machte einer der Priester darauf aufmerksam, daß der Abdruck ursprünglich vollkommen scharf und erst durch die Berührungen der zahllosen Pilger mit Lippen und Händen verwischt worden sei; und darin kann der fromme Mann wohl Recht haben, wenn man sich erinnert, wie die Erzfüße des Apostels Petrus in der Peterskirche zu Rom durch das gleiche Verfahren gelitten haben.

Rings um den heiligen Fußtapfen war der rötliche Gneisfels mit den duftigen Blumen bestreut, welche die Singhalesen gewöhnlich als Opfer vor ihren Buddhatempel zu bringen pflegen: die großen, weißen und gelben, aromatischen Blüten des Tempelbaums (Plumiera) und des Jasmin, die roten Rosen der Melastomen und des Rhododendron. Diese und andere Opferblumen sowie Betelblätter, Arekanüsse und Reishaufen lagen auch in kleinen Felsennischen außerhalb des Tempelchens sowie auf der grünen Balustrade, welche dessen unteren Teil umgibt. Auf der letzteren erheben sich zwölf kleine, grüne Säulen, welche das vorspringende Ziegeldach des Tempelchens mit zwei goldenen Knäufen tragen. An den vier Ecken ist dasselbe, gleich einem verankerten Luftballon, an vier starken, in dem Felsboden befestigten Eisenketten angelegt, damit es nicht von den heftigen, oft über die Pikspitze hinfegenden Windstößen fortgetragen wird.

Während der sechs Stunden, die wir auf dem Gipfel des Adams-Pik zubrachten, sahen wir mehrere Pilgerscharen daselbst ihre Andacht verrichten; abwechselnd buddhistische Singhalesen und brahmanische Tamilen. Auch ein paar arabische Mohammedaner kamen dazwischen herauf und beteten mit derselben Andacht den Sripada als Fußabdruck des Urvaters Adam an, mit welcher unmittelbar vorher die schwarzen Malabaren denselben als Reliquie des Siva, und die braunen Singhalesen als Andenken an Buddha verehrt hatten. Die gegenseitige friedliche Duldung, welche diese drei ganz verschiedenen Religionen hier oben gegeneinander seit mehr als 1000 Jahren üben, ist in der Tat erhebend; sie ist in vieler Beziehung beschämend, namentlich für die verschiedenen christlichen Sekten, die sich mit größter Intoleranz befehden. Man denke nur an die blutigen Kämpfe der griechischen und römischen Christen am heiligen Grabe in Jerusalem; oder an die widerwärtigen Beweise von gehässiger Unduldsamkeit, die wir selbst gegenwärtig noch jedes Jahr in unserm Vaterlande erleben müssen.

Die Andachtsübungen der Pilger selbst waren meist einfach und bescheiden: tiefe Verbeugungen und Gebete vor dem Sripada, Streuen von Blumen und Räuchern mit aromatischen Gewürzen, Anbrennen von

Kerzen und Anschlagen kleiner Glocken, endlich Geschenke an die Priester, bestehend in Reis, Betel, verschiedenen anderen Nahrungsmitteln, Silber- und Kupfermünzen. Wunderlicherweise gilt auch das Opfer von alten abgetragenen Kleidungslappen als verdienstlich; solche hingen in großer Zahl an dem Treppengeländer. Aus dem Munde der Betenden ertönte oft wiederholt der Ruf Sadu, Sadu! (Heilig, Heilig! Amen, Amen!). Die Mehrzahl der ankommenden Wallfahrer verweilte nun sehr kurze Zeit auf dem Gipfel und stieg alsbald wieder hinab, nachdem die Andacht beendigt war.

Weit interessanter und erhebender als diese Andachtsübungen der Pilger und die Zeremonien der Priester war für uns das großartige Panorama, welches die unbeschränkte Aussicht von diesem isolierten Berggipfel darbietet. Mit einem Blick überschauen wir hier den größten Teil der immergrünen Insel, die in so vieler Beziehung zu den schönsten und merkwürdigsten der Welt gehört. Allerdings ist das Großartigste an unserem Panorama gerade diese Vorstellung und die Erinnerung an die tausend herrlichen und interessanten Bilder, mit denen unsere Streifzüge durch dies irdische Paradies uns bereichert haben. Indem wir hier den Schauplatz derselben von einem Punkte aus rings überschauen, durchfliegen wir gewissermaßen das Inhaltsverzeichnis des Skizzenbuches, das wir hier mit Feder und Pinsel gesammelt haben.

Hingegen ist der malerische Wert dieses merkwürdigen Panoramas nicht so groß, als er von manchen Reisenden geschildert wird. Denn so weit das Auge auch nach allen vier Himmelsgegenden reicht, sieht es nichts als ewig grünes Waldgebirge, Ketten über Ketten getürmt, Täler an Täler gereiht. So üppig ist der wunderbare Pflanzenwuchs von Ceylon, daß derselbe alles andere überwuchert und verdeckt. Höchstens kann man an der helleren oder dunkleren Farbe des immergrünen Inselmantels unterscheiden, ob mehr fruchtreiches Kulturland oder mehr dichter Urwald denselben zusammensetzt. Selbst in den fruchtreichen Kulturtälern des Saffragam, am südlichen Fuße des Adams-Pik, unmittelbar zu unseren Füßen, sind die zahlreichen Dörfer und Pflanzungen von den hochragenden Kronen der Palmen, der Mango, Brotfruchtbäume usw. vollständig verdeckt; und ebenso können wir auch in den zahlreichen Plantagen der nördlich vor uns liegenden Kaffeedistrikte die Bungalows und Hütten nicht unterscheiden. Die einzigen Gegenstände, welche die immergrüne Inseldecke unterbrechen, sind die glitzernden Silberfäden ihrer zahlreichen Bäche und Ströme; und die größeren Wasserflächen, die in weiter Entfernung den Sonnenglanz spiegelnd zurückwerfen, die Salzseen von Hambangtotte im Südosten, der Indische Ozean im Westen.

Indessen ist es vielleicht gerade diese grüne Einförmigkeit, die sanfte Wellenform der gerundeten Gebirgsrücken, der Mangel phantastischer Felsformen, überhaupt die Abwesenheit aller schroffen Gegensätze, welche dem ausgedehnten Panorama vom Samanala seine eigentümlich einfache Größe und Erhabenheit verleihen. Nicht wenig trägt dazu die wundervolle reine und frische Bergluft bei, die majestätische, tiefblaue Kuppel des indischen Himmels und die lautlose Stille der Umgebung — der Ausdruck des paradiesischen Friedens und des harmlosen Naturlebens, das die wundervolle Insel überhaupt charakterisiert. Man lernt hier begreifen, wie diese isolierte Bergspitze der einigende Mittelpunkt andächtigen Gottesdienstes für mehrere ganz verschiedene Religionsformen werden konnte.

Der treffliche Monograph von Ceylon, Sir Emerson Tennent, überwältigt von diesem Eindruck der Samanala-Aussicht, meint, daß es vielleicht das großartigste Gebirgspanorama in der Welt sei, da kein anderer Berg von gleicher oder größerer Höhe eine ebenso freie und unbegrenzte Rundsicht über Land und Meer gestatte. Das ist indessen ein Irrtum. Der schneebedeckte Pik von Teneriffa, der fast die doppelte Meereshöhe erreicht und den ich am 26. November 1866, ebenfalls vom schönsten Wetter begünstigt, bestieg, ist nicht allein in Bezug auf die chorologische Reihenfolge seiner mannigfaltigen Pflanzengürtel weit interessanter, sondern gewährt auch ein weit umfassenderes und großartigeres Panorama. Ich überblickte von seinem Gipfel nicht allein die ganze Gruppe der Kanarischen Inseln, sondern das Auge schweifte von da ungehemmt über den Atlantischen Ozean bis zum afrikanischen Festlande von Marokko hinüber.

Ich hatte die Absicht gehabt, auf dem Gipfel des Pik zu übernachten, um die Phänomene beim Untergang und Aufgang der Sonne, insbesondere den Wechsel seines kegelförmigen Schattens zu beobachten. Allein ich war durch den mehrmonatigen Aufenthalt in dem feuchtheißen Treibhausklima des Küstenlandes so verwöhnt, daß mich schon um Mittag bei 15° R empfindlich fror, trotzdem ich mich fest in Plaid und Wolldecke gewickelt hatte. Da nun das Thermometer während der Nacht hier um diese Jahreszeit auf 3—4° sinkt, und da der kühle Nordost-Monsun durch die Fugen der Wände der elenden und schmutzigen Priesterwohnungen frei hindurchstrich, verlor ich die Lust, auf dem harten Felsenboden der letzteren zu übernachten. Zum Glück machte am Nachmittage auch das Wetter allen Zweifeln ein Ende. Die strahlende Reinheit des sonnigen Morgenhimmels war schon gegen Mittag durch Ansammlung zahlreicher kleiner Haufenwolken getrübt worden, die aus den dampfenden Tälern aufstiegen. Gegen zwei Uhr ballten sich dieselben zu dichten Nebelmassen, welche schleierartig die Bergketten eine nach der andern verhüllten. Nur dann und wann tauchte noch ein grünes Berghaupt aus dem wogenden Nebelmeer für kurze Zeit auf. Die Aussichten auf einen klaren Abend schwanden bald ganz, und die zunehmende Kühle bestimmte uns, schon gegen vier Uhr aufzubrechen und unsern steilen Rückweg nach St. Andrews anzutreten.

Vor dem Aufbruche jedoch verrichteten auch wir auf dem Gipfel des heiligen Berges noch ein andächtiges Opfer der Weihe. Es war der

12. Februar, der Tag, an welchem Charles Darwin vor 73 Jahren das Licht der Welt erblickte; es war der letzte Geburtstag des großen Reformators der Naturwissenschaft; denn zwei Monate später wurde er uns durch den Tod entrissen. Vor dem heiligen Sripada stehend, hielt ich eine kurze Ansprache an meine Wandergefährten, in der ich auf die Bedeutung des Tages hinwies; eine Flasche Rheinwein, die letzte, die wir mit hinaufgenommen, wurde auf Darwins Wohl geleert. Der Brief, in dem ich dies meinem hochverehrten Freunde meldete, unter dem Baldachin des Sripada geschrieben, war der letzte, den er von mir empfing. So endete auch meine Pilgerfahrt auf dem Adams-Pik mit einer heiligen Erinnerung. Der Rückweg im Nebel, besonders das Hinabklettern an den jähen Felswänden, war noch beschwerlicher als das Hinaufsteigen; ich fühlte es nachher noch mehrere Tage in den Knien. Sehr ermüdet langte ich nach Sonnenuntergang wieder in St. Andrews an, aber höchst befriedigt von den reichen Eindrücken der Pilgerfahrt, einer der dankbarsten unter allen meinen Wanderungen auf Ceylon.